커뮤니케이션

인간, 동물, 인공지능

Translation from German language edition:
Menschen, Tiere und Max
by Ipke Wachsmuth

커뮤니케이션

인간, 동물, 인공지능

입케 박스무트 지음
장병탁 · 최윤영 옮김

서울대학교출판문화원

커뮤니케이션

인간, 동물, 인공지능

초판 1쇄 발행 2014년 9월 30일
초판 2쇄 발행 2016년 9월 20일

지은이 박스무트, 입케
옮긴이 장병탁·최윤영
펴낸곳 서울대학교출판문화원
펴낸이 성낙인

책임편집 김미진
디자인 장혜원

출판등록 제15-3호

주소 08826 서울 관악구 관악로 1
대표전화 02-880-5252 | 팩스 02-888-4148
마케팅팀(주문상담) 02-889-4424, 02-880-7995
이메일 snubook@snu.ac.kr
홈페이지 www.snupress.com

ISBN 978-89-521-1644-4 03560

꼭 읽어야 할 서문!

모든 새로운 것은 처음에는 불안감을 준다. 바로 그 이유 때문에 나는 이 책을 쓰게 되었다. 이 책은 커뮤니케이션과 지능, 인간과 동물, 로봇 그리고 막스에 대해 다루는 책이다. 막스, 막스라고? 막스란 도대체 누구인가? 독자 여러분은 2장에 가면 막스가 누구인지 알게 될 것이다.

로봇과 지능을 가진 여러 기계들이 우리의 일상생활 속으로 들어오고 있다. 이에 대해 아직 이야기가 많이 되고 있지는 않지만 사람들이 생각하는 것보다 훨씬 더 빨리 우리의 생활 속으로 들어오고 있다. 그리고 그로 인하여 인간의 세계여야 할 우리의 세계도 변하고 있다. 과연 우리 사회가 인간과 비슷한 기계들을 우리의 주변 환경에 받아들이기 시작해도 인간 세계는 여전히 인간의 세계로 남아 있을까? 우리가 이러한 미래를 걱정스러워 해야 할지, 아니면 "지능을 가진" 기계가 우리와 커뮤니케이션을 하면서 도움을 주는 파트너가 될지의 문제가 바로 이 책에서 다루는 주제이다.

제일 먼저 던지게 되는 질문은 자연적인 커뮤니케이션은 어떻게 이루어지고 또 어떤 지능이 필요한가이다. 커뮤니케이션은 같은 종 사이에서 혹은 인간과 동물들 사이에서 혹은 인간과 기계 사이에서 어떻게 이루어질까? 이런 커뮤니케이션은 언어가 없다면 어떻게 일어날까? 이러한 관찰을 함으로써 사람 사이의 커뮤니케이션이 더 원활하게 이루어지도록 우리가 배우는 것이 있을까? 커뮤니케이션이 가능한 기계를 어떻게 상상해볼 수 있을까? 우리에게 흥미로운 일들을 모두 말해주는 기계에게 우리가 무엇을 물어보는 날이 과연 올 것인가? 등의 질문을 생각해볼 수 있다.

오늘날 젊은 세대들은 커뮤니케이션은 당연히 빠른 것이라고 생각하는 세계에서 살고 있다. 나이 든 세대들은 이에 대해 불안해하거나 거리를 두기도 한다. 또한 이러한 기술이 우리에게 적대적인 것이 되지나 않을까 염려도 한다. 예컨대 인공존재들이 충분히 영리해지면 혹시 우리를 지배하지나 않을까? 등이다. 여러분 스스로가 이러한 문제들을 판단할 수 있도록 이 책은 이해하기 쉽게 기술 자체도 설명할 것이다. 겉보기에 상당히 혼란스럽게 보이는 외양 뒤편에 적어도 무엇이 있는지를 여러분이 생각해볼 수 있는 정도로 말이다.

내가 이 책을 쓰고 있는 동안 청소 로봇이 우리 집안을 자기 혼자 돌아다니면서 청소를 하고 있다. 내가 직접 청소를 안 해도 되니 이로 인해 얻은 시간을 내가 좋아하는 일을 하는 데 사용할 수 있다. 나는 이 청소 로봇과의 대화가 가능할 것인가라는 질문을 받은 적도 있다. 언젠가 우리는 로봇에게 이렇게 말할 수 있을 것이다. "침실부터 청소해!"라고. 내가 혼자서만 너무 앞서나간다고 생각할 수도 있다. 그러나 그렇지 않다. 인간에게 바람직한 기술의 미래를 어떻게 설계할지는 분명히 한 사회 전체가 다 같이 고민해야 할 문제이기 때문이다. 그래서 나는 커뮤니케이션이 가능한 기계의 기술에 대해 독자 여러분과 같이 이 책을 통해 이야기를 나누고 싶은 것이다.

우리는 점점 노령화되어가는 사회에 살고 있다. 그런데 과연 우리는 젊은 세대가 이 많은 "노인"들을 부양해줄 것이라고 기대할 수 있을까? 내가 70세, 혹은 80세가 되면 어떻게 될까? 내가 혼자서 살아가야 하고 더 이상 많은 일들을 할 수 없다면 과연 누가 나에게 차를 끓여다줄까? 주변에 친구들이 지금처럼 많지 않게 된다면 과연 나는 누구와 대화를 나눌 것인가?

독자들은 이 책의 저자가 커뮤니케이션을 즐기는 성격이라는 것을 이미 눈치챘을 것 같다. 그렇지만 이 책의 많은 부분들이 유럽 북해의 어느 한 섬에서 쓰여졌다는 것은 잘 모를 것이다. 처음부터 내 곁에 같이 있어준 갈매기, 고양이와 개, 원숭이와 사람에 대한 에피소드를 거쳐 우리는 몸, 두뇌, 정신 속에 자리를 잡고 있는 커뮤니케이션 능력의 다양한 세계를 두루 섭렵하게 될 것이다. 때로 표정의 세밀한 부분과 신체의 언어를 다룰 것이고, 더러는 감정과 의식에 대해서도 깊이 생각을 해보게 될 것이다. 그리고 우리는 가상 세계의 휴머노이드 로봇인 막스를 계속 만나게 될 터인데 막스는 커뮤니케이션이라는 것이 구체적으로 어떻게 작동하는 것인지를 이해하는 데 도움을 줄 것이다.

이 책을 쓸 때 먼저 한 번 읽어주신 분들이 많은 부분에서 나를 도와주셨다. 이분들의 지적은 값진 것이었고 내게 용기를 불어넣어 주었다. 나는 많은 부분들을 훨씬 더 이해하기 쉽게 써야 한다는 것을 알게 되었다. 몇몇 부분에서는 전문가들의 충고가 도움이 되었다. 이 자리를 빌어 감사를 드리고 싶다. 잔네, 베른트, 슈테판, 토라, 마르크, 울리케 G, 지그프리트 K, 아네테 L, 루트 P, 모 T, 크리스티안, 한나, 헤닝, 율리아와 카차가 바로 그들이다. 또한 출판사의 프랑크 비거와 수잔네 바르무트 그리고 임메 테켄틴 씨에게도 감사를 드린다.

대화를 같이 나눈 여러 분들이 이러한 일들이 실제로 어떻게 가능한지 알고 싶어 하기에 이 책에 기술에 관한 부분들을 쓰게 되었다. 이 부분을 읽지 않고 뛰어넘는 분들도 기술이라는 것이 지금은 예전처럼 그렇게 기적을 행하는 것이 아님을 알게 될 것이다. 이 책에서 더러 내가 전문용어를 사용하기는 하지만 대중의 이해를 위해서 많은 것을 삭제하거나 단순화시켰으니 이 부분 너그러이 용서해주시기 바란다.

비록 전공자가 아니라 할지라도 젊은 세대나 나이 든 세대, 직업적으로 다양한 사회적 관계를 갖고 있는 분들, 혹은 동물과의 커뮤니케이션을 즐기는 분들, 자녀들 세대의 기술에 관심이 많은 분들, 매일의 생활에서 커뮤니케이션 능력을 제대로 알고 쓰고자 하는 분들에게 부디 읽을 만한 책이 되기를 바란다.

빌레펠트/노더나이에서, 2012년 3월
저자 입케 박스무트

역자 서문

『커뮤니케이션: 인간, 동물, 인공지능』은 미래의 세계를 인공지능의 관점에서 보여주는 중요한 책이다. 멋진 신세계일 미래의 세계는 또한 노령화사회이기도 하다. 그때 우리를 도와줄 로봇이 우리 인간에게 편하고 고마운 파트너가 되려면 어떤 능력을 갖고 있어야 할까? 저자 박스무트 교수는 이를 커뮤니케이션의 문제로 보고 여기에 필요한 인간의 온갖 감탄할만한 능력들을 언어, 지능, 감정, 표정, 몸과 근육, 몸짓, 자의식 등 수많은 세세한 분야로 나누어 기존의 연구결과들을 종합하고 소개할 뿐 아니라 그가 개발한 로봇에 적용시켜 보여주고 있다.

인공지능은 1950년대 컴퓨터가 등장하기 시작하던 시절에 "인간의 지능을 컴퓨터에 실현한다"는 원대한 목표를 가지고 출발하였고 최근 들어서는 구글(Google), 페이스북(Facebook), 아마존(Amazon), 이베이(eBay), 트위터(Twitter) 등의 닷컴 컴퍼니들에게 가장 각광받는 기술이 되었다. 이러한 산업 응용 이외에도 인지과학자와 인공지능학자들은 원래 목표와 근접하는 인간수준 인공지능, 인지시스템, 인지지능로봇, 인지컴퓨팅, 뇌를 닮은 인지컴퓨터 등을 학문적 관점에서 연구하고 있다. 이러한 시점에서 자연 커뮤니케이션과 인공 커뮤니케이션의 근본적 성격을 통찰하는 이 책은 시사하는 바가 매우 크다.

이 책은 저자의 연구 그룹이 10년 이상 개발해온 인공지능 에이전트 막스(Multimodal Assembling eXpert: Max)에 관한 이야기이이기도 하다. 막스는 사람과 이성적으로 대화를 나누고 사람처럼 감정을 표정과 몸짓으로 표현할 수 있으며 어느 정도 자의식이 있으며 사람들에게 정보도 주고 또한 사람과 같이 작업도 수행할 수 있는 인공지능 에이전트이다. 실제의 물리적인 세계가 아니라 컴퓨터상에서만 존재하는 가상 에이전트라는 것만 제외하면 막스는 그야말로 사람 같은 로봇이다. 막스는 현재 독일 파더본의 닉스도르프 과학박물관에서 방문객의 안내인 역할을 실제로 수행하고 있다. 막스는 사람처럼 페이스북 계정도 가지고 있으며 열 번째 생일에는 파티도 하였다.

이 책은 막스가 이렇게 커뮤니케이션하기 위해서 가져야 하는 인지 능력, 감정 표현 능력, 대화 능력, 협력 작업 능력에 숨어 있는 기반 기술을 일반 대중도 알 수 있도록 쉽고 재미있게 기술하고 있다. 또한 커뮤니케이션을 넓게 이해하여 인간뿐 아니라 동물세계와 비교해서 관찰하고 있으며 이를 기계에 구현하고자 한다. 이 책은 인공지능에 관심이 있는 사람이라면 중고생부터 일반인에 이르기까지 누구나 큰 어려움 없이 읽을 수 있다. 인공지능 기술의 이면과 인지과학과 인공지능이 어떻게 결합할 수 있는지에 대해 알고 싶은 인문학자 및 사회과학자들에게도 재미있는 근본적인 통찰을 하게 해준다. 물론 인공지능 기술을 연구하고자 하거나 관심이 있는 대학생, 직장인, 연구자들에게는 미래 인공지능 발전 방향에 대한 통찰력을 얻을 수 있는 유익한 핵심자료가 될 것이다. 더 나아가 학제적인 연구에 관심이 있는 연구자, 교육자들에게는 이 책이 하나의 모델을 제공해줄 수 있다.

박스무트 교수는 학제적 연구의 롤모델이라 할 수 있다. 학부에서는 수학을 전공하고 대학원에서 컴퓨터과학을 연구하였으며 오랫동안 심리언어학자, 사이버네틱스, 로봇공학자와 학제적인 연구를 수행하고 교육 프로그램을 개발하였다. 막스 연구의 기반이 된 독일연구재단의 지원을 받는 중점연구센터 SFB 673의 인지적 커뮤니케이션 연구소 소장을 오래 역임하였다. 독일 인지과학회 회장을 역임하였으며 매년 개최하는 학제적인 여름학교인 IK(인공지능, 인지과학, 신경정보학, 신경과학)의 창시자 중 한 명이기도 하다. 또한 학제적 대학 연구소의 롤모델이 된 ZIF(Zentrum für interdisziplinäre Forschung)의 소장직을 10년 이상 역임하면서 인문학, 자연과학, 공학 간의 협력연구 모델을 제시하는 데 기여하였다.

역자는 우연히 독일 훔볼트재단의 한 학술대회에서 초청강연을 함께한 인연으로 박스무트 교수를 처음 알게 되었다가 그의 연구소와 지속적으로 여러 교류활동을 하였다. 그는 자연과학, 공학을 전공한 학자이지만 인문과학에도 해박한 지식을 가지고 있고 연구원들을 가족처럼 보살피는 마음이 따뜻한 학자였으며 또한 노더나이 섬에 시골집이 있고 마세라티 스포츠카를 애지중지하는 멋쟁이 학자였다. 이 책은 그가 예외적으로 일반대중을 위해 쓴 책이며 독일에서도 반향이 컸던 책이다.

실제로 인간과 대화가 가능한 막스를 보고도 감탄했지만 막스의 탄생을 위하여 얼마나 많은 학문들이 협업을 해야 했는지를 보여주는 이 이해하기 쉬운 책을 읽고 다시 한 번 감탄을 하지 않을 수가 없었다.

인공지능학자인 본인뿐 아니라 문학을 전공하는 공동역자에게도 흥미로운 책이었기에 공동번역이 가능했다. 최윤영 교수가 주로 일차 번역을 하고 본인이 감수를 하고 또 다시 같이 논의하는 방식으로 번역이 진행되었다. 마지막에 독어학을 전공하는 서울대학교 이성은 교수가 감사하게도 통독 후 여러 지적들을 해주어 고맙다는 인사를 전하고 싶다. 이 교수가 역자들과 마찬가지로 이 책에 대해 감탄을 금치 못하는 것을 보고 이 책이 꼭 필요한 것이라는 확신을 또 한 번 가지게 되었다. 서울대학교출판문화원의 김미진 선생은 일반 독자의 입장에서 이 책을 꼼꼼하게 읽고 이해가 어려운 부분들을 세세히 지적해 주어 번역교정에 큰 도움을 주었다. 두 분께 마음 깊은 곳의 감사의 인사를 드리고 싶다.

2014년 8월 관악에서
역자 장병탁, 최윤영

차례

1

주제 맛보기

나는 한 손에 맛있는 새우 샌드위치를 들고 해변의 벤치에 앉았다. 한 입을 베어 먹기도 전에 갈매기 한 마리가 옆에 와 앉아서 나를 쳐다보는데 마치 자기에게도 나누어 달라고 하는 것 같았다. 두 번째 갈매기는 다가와서 먹을 것을 달라는 듯 소리를 질렀다. 나는 이 갈매기에게 한 입씩을 떼어 던져주었다. 그러나 그것은 실수였다. 순식간에 나는 완전히 나만 바라보는 갈매기들로 포위당하게 되었고 많은 비둘기들은 땅바닥에 앉아 있고, 몇몇은 공중에 떠 있었는데 나로부터, 더 정확히 말하자면 먹이로부터 일 미터 정도의 거리를 두고 있었다.

나는 몇 입을 더 먹다가 포기하고 샌드위치를 다시 싸서 몇 백 미터 더 걸어간 다음 다시 먹으려 했다. 그러나 나는 곧 한 떼의 새무리에게 에워싸였고 내가 갈매기들에게 엄청 인기를 끌었음을 알게 되었다. 그러자 내 안에 있는 과학자가 질문을 던지기 시작했다. 갈매기들이 내는 이 소리들은 정확히 무슨 의미일까? 나는 갑자기 어떤 생각이 떠올라 녹음기를 꺼내들고 이 소리들을 녹음하여 실험을 하나 하고자 했다.

오십 미터를 더 간 다음 나는 녹음기에 녹음된 소리를 틀어주었다. 그러나 갈매기들은 내 쪽을 바라보기는 했지만 나에게 다가오지는 않았다. 녹음된 소리는 갈매기들에게 "여기 먹이가 있다"는 소리가 아닌 것은 분명했다. 지금은 다시 봉지 속으로 사라진 내 새우 샌드위치 냄새가 최초의 유발자였다. 아니면 그것을 본 것이 갈매기들로 하여금 다가오도록 했을까? 뭐가 더 중요한지를 떠나서 이것도 커뮤니케이션일까? 아닐까? 내가 새우 샌드위치를 꺼냈을 때 갈매기들에게 뭔가를 전달한 것일까? 처음부터 갈매기를 유혹하려는 의도를 가진 것은 아니었다. 그렇지만 의도하지는 않았더라도 내가 샌드위치를 다시 꺼낸 것이 갈매기들에게 뭔가를 전달한 것일까?

분명히 그런 것 같았다. 나는 다시 새우 샌드위치 봉투를 열었는데 이번에는 명백하게 갈매기를 유혹하려는 의도를 가지고 그랬다. 방금 전에 갈매기 소리를 틀어주었다가 실패한 실험에서와 마찬가지로 봉투를 연 내 의도는 먹이가 있다는 신호를 갈매기에게 전달하고자 하는 것이었다. 이 시도는 성공했고 후각 혹은 시각 신호를 통해서 다시금 우리 사이가 연결되었다.

집으로 오는 길에 나는 "금방 잡은 싱싱한 새우 있어요"라는 간판을 보았는데 이 간판은 갈매기가 아닌 나를 유혹하는 것이었다. 여기에서는 좀 전에서처럼 나와 갈매기 모두에게 해당되는, 보는 것과 냄새를 맡는 것을 통해서가 아니라 글씨를 통해서 무언가 전달되고 있다.

어떤 방식으로 먹이가 있다는 정보가 갈매기에게 전달되었는지, 갈매기들이 소리를 질러 서로 무엇을 전달했는지는 여기에서는 더 이상 다루지 않겠다. 갈매기 연구자들은 아마도 잘 알 것이다. 그렇지만 이 예를 통해서 관찰의 결과에 대해 확실히 말할 수 있는 사실은, 커뮤니케이션은 우연일 수도 있고 의도적인 것일 수도 있고 뜻한 대로 일어날 수도 있고 그렇지 않을 수도 있고 다양한 방식으로 성공할 수도 있고 다양한 방식으로 실패할 수도 있다는 것이다.

갈매기들이 처음에 내 새우 샌드위치에 유혹을 느꼈다면 이것은 우연이었다. 즉 어찌되었든 내가 의도한 것은 아니었다. 그러나 내가 다시 샌드위치를 꺼냈을 때에는 사정이 다르다. 이 두 경우에 신호는 공기를 통해서 전달되었고 이 메시지 수신지인 갈매기들에게 특정 반응을 야기했다. 두 경우 모두 원하든 원하지 않든 커뮤니케이션 자체는 성공했다.

성공을 거두지는 못했지만 의도적이었던 경우는 내가 녹음기로 갈매기의 소리를 들려주었을 때이다. 나는 갈매기들에게 먹이가 있다는 신호를 전달하고자 했다. 어찌되었든 후각, 시각 혹은 청각 등의 특정 신호가 메시지의 전달자가 되었는데 갈매기들은 자신들의 감각기관인 코, 눈, 귀로 이를 수신할 수 있었다.

"금방 잡은 싱싱한 새우 있어요"라는 간판은 나에게 무엇인가를 전달했지만 다른 방식으로 전달되었다. 새우나 냄새, 본다는 것이 실제 뭔가 존재하고 있어서 전달되었다면 이 간판의 경우에는 갈매기가 이해할 수 없는 방식으로 메시지가 전달되었다. 글자와 상징이라는 방법으로 이 간판은 독일어를 해독할 줄 아는 사람들에게 먹이가 있다는 정보를 주었고 어쩌면 입 안에 군침이 돌게끔 만들었을 것이다. 이것 또한 의도된 커뮤니케이션이라고 할 수 있는데 비록 메시지의 발신자(간판을 세운 사람)와 수신자가 동시에 그 자리에 같이 있지 않더라도 그러하다. 시장에서 "싱싱한 새우 있어요!"라고 소리치는 상인은 이와 비교하면 메시지의 발신자와 수신자가 둘 다 동시에 같이 있을 때에만 연결이 생겨나는데 그렇지 않을 경우 그 메시지는 들어주는 사람 없이 허공에 울릴 것이기 때문이다.

이 "금방 잡은 싱싱한 새우 있어요"라는 메시지는 글로 쓰였든, 말로 행해졌든 상징을 통해 전달되고 이 메시지를 이해하려면 독일어를 해독할 줄 알아야 한다는 전제조건이 있다. 그리고 이 문장을 읽고 무슨 뜻인지 이해할 수 있더라도 새우가 무엇인지 모르는 사람은 여전히 이 말이 무슨 뜻인지를 모를 것이다.

서로 정보를 교환해야 한다는 필연성은 사회공동체를 이루어 같이 살 때에 비로소 생겨난다. 예를 들어 꿀벌들은 그들의 "꼬리 춤"을 통해서 동서남북의 방향과 거리 그리고 먹이에 대한 정보를 계속 전달한다. 새들은 독특한 소리를 통해서 그들을 노리는 고양이가 있다는 경고를 서로 교환한다. 인간과 동물 사이에도 메시지가 교환될 수 있다는 것은 집에 동물을 키워본 사람들은 누구나 알고 있다.

커뮤니케이션과 지능

이러한 점에 동의를 한다면 우리는 이제 이 책의 중심 주제에 대해 이야기할 수 있게 된다. 우리는 "커뮤니케이션"으로 이야기를 시작했다. 이 단어는 라틴어 "소통(*communicatio*)"이라는 용어에서 유래가 되었고 인류학, 즉 사람에 대한 학문에서는 사람들 간의 정보교환이란 뜻으로 이해되고 있다. 커뮤니케이션이란, 전문용어로는 대체로 사람들 사이에서 일어나는 의도적인 정보 전달을 의미한다. 이 용어를 좀 더 광범위하게 이해하면 동물들 사이에서 일어나는 의사전달의 다양한 형식에도 적용할 수 있다. 그리고 오늘날에는 적합한 신호를 통해서 의미내용이 전달될 때 인간과 기계 시스템의 정보 전달에도 "커뮤니케이션"이라는 용어를 쓰는 것이 보편화되고 있다.

그렇다면 커뮤니케이션이란 정확하게 무엇일까? 어떤 지적 능력을 요구할까? 커뮤니케이션은 어떨 때 이루어질까? 커뮤니케이션은—상이한 종 사이에서라도 일어날 수 있을까?—이러한 질문을 가지고 좀 더 심층적으로 살펴보자. 그러기 위해 한편으로는 인간들과 동물들에게서 자기들끼리 행해지는 커뮤니케이션은 같은 종 간의 정보교환으로 다룰 것이고 다른 한편 다른 종 간의 커뮤니케이션의 가능성도 고찰할 것이다. 궁극적으로는 인간과 기계의 의사소통까지도 포함해서 말이다.

언어 커뮤니케이션과 마찬가지로 비언어 커뮤니케이션도 중요한데 이는 얼굴의 근육(표정), 손짓과 발짓(몸짓), 그리고 몸 전체의 움직임에 의해 생겨난다. 인간의 상징 언어는 "금방 잡은 새우 있어요"에서 보는 것처럼 의미의 내용은 대화 상대자의 행동이라는 관련 맥락이 없더라도 전달이 될 수는 있다. 이에 반해서 비언어적 커뮤니케이션, 예를 들어 얼굴표정이나 몸짓은 언제나 그때그때의 현장 상황과 연관되어 있다. 이것은 때로 몸짓 도움을 받는, 말로 하는 언어소통에도 해당이 된다("저기 저것 좀 줘!"). 말과 가리키는 몸짓 같은 여러 상이한 양태들이 합쳐지기 위해서는 대화 참여자들이 현재 상황을 귀와 눈을 통해 통합적으로 받아들이고 지식 체계 안에서 한꺼번에 처리할 필요가 있다.

커뮤니케이션의 많은 부분은 의식적인 지각의 표면 아래에서 일어난다. 그래서 이 과정들을 더 잘 이해하고 다층적인 커뮤니케이션 사건들을 분명하게 파악할 필요가 있다. 우리의 일상에서의 만남과 동물과 같은 다른 행위자들의 만남의 특징을 보여주는 사건들 말이다. 그러면 우리가 기계의 도움을 받아 문제를 보다 손쉽게 풀고자 할 때 이러한 의미에서의 커뮤니케이션 능력들은 기계에 장착해야 할 특성이 될 것이다.

이를 위해 두 가지 상이한 주제들이 이 책에서 계속 다루어질 것이다. 하나는 커뮤니케이션이 어떻게 이루어지는가, 우리의 두뇌에서는 무슨 일이 일어나는가의 문제이고 다른 하나는 우리가 어떻게 더 효과적으로 기계와 커뮤니케이션을 할 수 있을까의 문제와 그러면 이를 위해서 기술적으로 어떤 발전이 일어나야 하는가의 문제이다. "지능적" 기계를 인간의 생활세계에 끌어들이려고 하는 사회는 이러한 문제를 피해갈 수 없다. 더불어 생겨나는 아주 근본적인 문제들이 있는데, 예컨대 인간이 기계와 의사소통을 할 수 있는지, 기계가 우리를 돕는 파트너가 될 것인지, 혹은 우리가 이것들을 두려워해야 하는지, 그들이 우리의 삶을 결정하게 될지 등의 문제들이며 이를 이 책에서 다루도록 하겠다.

2

가상 로봇 막스

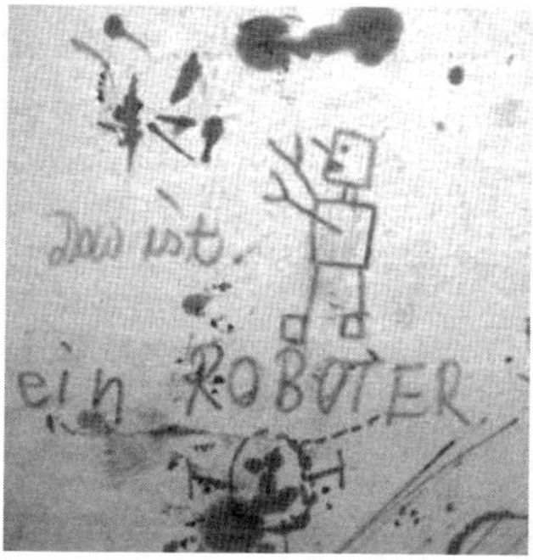

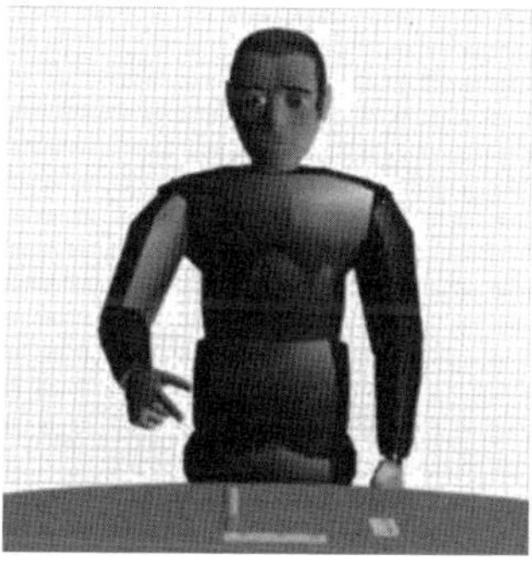

"이 천재적으로 설계된 생각하는 기계는 작업의 속도만 놓고 보자면 인간 두뇌가 낼 수 있는 성과를 한참 능가한다. 인간의 두뇌 세포처럼 작업을 하는 12,500개의 전자관이 이룬 엄청난 수준의 업적만으로도 이 기계는 기술의 기적에 익숙한 현대인이라도 이제까지 인간이 고안해낸 그 어떤 다른 기계보다 경탄하게끔 만든다. 그러나 이 계산하는 로봇의 업적은 그 엄청난 속도만 결정적인 것이 아니다. 이 기계가 설계되면서 더불어 엄청난, 무시무시한, 극악한 일이 일어나는데 그것은 바로 기계가 이제는 생각을 한다는 데 있다."

위의 인용문은 1952년에 나온 롤프 슈트렐(Rolf Strehl)의 『로봇들이 우리 가운데 있다(Die Roboter sind unter uns)』라는 책에서 나온 것이다. 저자는 로봇이 일상화된 미래 사회의 모습을 열정을 가지고 구상한다. 초등학생들의 노트에 그려진 로봇 그림에서 보듯 기계 인간에 대해 느끼는 매력은 이미 오래전에 시작되었다.

거의 매일 나오는 언론이나 텔레비전 보도에 따르면 우리 사회는 로봇과 같이 사는 것에 동의한 것 같다. 어린아이 크기의 혼다로봇 아시모는 사람과 비슷한 외모를 가지고 있고 우리의 생활환경에 로봇을 가지는 것이 유토피아에서만 가능한 것이 아님을 알려준다. 소니사가 만든 로봇개 아이보는 독자적으로 움직이고 주변 환경에 적응하고 학습할 수 있어 가족의 동반자 자격을 쉽게 얻어냈다. 일본에서 개발한 새끼 바다표범 모양의 파로는 애완동물의 몸체를 한 학습하는 컴퓨터인데 이미 유럽의 병원과 양로원에서 사용되고 있다. 인터넷에서는 사람과 비슷한 외모의 가상 존재가 미래의 고객들을 만나고 있고 동굴처럼 생긴 가상 세계의 큰 모니터에서 우리는 이미 이러한 가상의 존재를 실물 크기로 만나고 있다. 진 로덴베리(Gene Rodenberry)의 텔레비전 시리즈 〈스타 트렉: 넥스트 제너레이션(Star Trek: Next Generation)〉에 나오는 안드로이드 데이터나 〈스타 트렉: 보이저(Star Trek: Voyger)〉에 나오는 홀로그램 박사 같은 존재들은 사람들의 공동체에서 같이 사는 인공존재로서 이제 낯설지 않은 친숙한 존재들이 되었다. 그리고 영화로 끝나는 것만이 아니라 이미 자신들의 큰 팬클럽도 거느리고 있다.

산업 로봇의 아버지라 할 미국의 조셉 엥겔버거(Joseph Engelberger)는 로봇을 필생의 과제로 삼았고 학교 동창이었던 아이작 아시모프에게서 근본 아이디어를 얻었다. 그렇다고 해서 엥겔버거가 우리 모두가 알고 있는 공상과학소설 작가 아시모프의 착상을 실제 현실로 만드는 일만 한 것은 아니다. 그는 한 걸음 더 나아가 사람에게 경제적인 이득을 가져다주는 기계를 만들고자 했다. 엥겔버거는 수십 년이 지나면 커뮤니케이션이 가능한 휴머노이드 로봇이 언젠가 주위에서 도움을 필요로 하는 노인들에게 참을성 있는 도우미가 되어줄 것이라고 생각했다.

"노인 로봇"이라는 미래의 비전은 에드워드 파이겐바움(Edward Feigenbaum)과 파멜라 맥코덕(Pamela McCorduck)이라는 미국의 두 작가들이 이미 오래전에 한 착상들이다(1984년에 나온 『제5세대 컴퓨터(Die fünfte Computergeneration)』라는 책을 보라!). 1990년에는 저명한 MIT 공과대학의 커뮤니케이션 전공 학자인 저스틴 카셀(Justine Cassell)을 중심으로 〈가상의 사람(Virtueller Mensch)〉을 개발하기 위한 연구그룹이 만들어졌다. 이것은—큰 모니터에 어린이 형상을 투사해서 만들었는데—조부모의 이야기에 귀를 기울이는 손주 시청자의 모습을 투사해 보여주었다. 과연 이러한 제품들이 얼마만큼 팔릴지는 미래가 말해줄 것이다.

1932년에 나온 소설 앨도스 헉슬리(Aldous Hexley)의 소설

『멋진 신세계(Brave Newworld)』는 독자들에게 사회의 어린 구성원들이 그들의 맡을 역할에 맞추어 "재단이 되는" 미래 사회의 모습을 전달해주었다. 그렇게 그들은 비정상적이고 비인간적인 노동조건에 적응하도록 맞추어졌다. 이것은 끔찍한 유토피아의 모습이었다. 오늘날에는 이에 대한 대안으로 "지능형" 로봇이 구상되었는데 이 로봇은 사람이 하기 어려운 일을 해준다. 예를 들어 소음으로 가득한 환경에서의 작업 아니면 쓰레기 재활용 작업장에서의 구역질나는 분류작업 일들 말이다. 물론 이에 대한 불만이 있을 수 있는데, 비록 그런 힘든 노동이라 할지라도 사회에 의미 있는 기여를 한다면 사람이 맡아 해야 하지 않느냐는 이의제기이다. 로봇이 사람이 하는 일을 맡아 일하기 시작하면 언젠가 사람은 로봇 없이는 살 수 없게 될지도 모르기 때문이다.

"생각하는 기계"가 등장하면서 부상한 가능성들을 보면 미래에 있을 일상세계와 노동세계의 변화를 짐작할 수 있다. 이제 기술 시스템들이 지적 능력을 가질 수 있는지는 더 이상 문제가 아니고 이들이 인공지능을 장착하여 독자적으로 행동하는 "파트너"로서 일상생활에 등장할지가 문제이다. 대중매체의 여러 보고서들은 낙관적인 미래의 비전과 인공존재에 대한 태곳적부터의 공포 사이에서 우왕좌왕하고 있다. 그 어떤 학문 분야보다도 인공지능 분야는 학문 세계와 일반 대중에게 격렬한 논쟁을 불러일으키고 있다. 인간과 기계의 인지 능력의 근본적인 차이는 어디에 있을까? 지금의 현실이 비록 허구에서 보여주는 것보다 훨씬 뒤처져 있다고 해도 "인공지능"과의 관계는 앞으로 어떻게 만들어 나가는 것이 좋을까?

인간을 위한 기술

기계 시스템은 인간을 위해 봉사해야 한다. 그렇지 않다면 무엇 때문에 시스템을 만들겠는가? 그러나 오늘날의 기술의 복잡성이 증가함에 따라 기계와의 커뮤니케이션은 점점 어려워지고 있다. 인간을 위해 지나치게 많은 기술들이 공급되고 있는데, 인공지능을 통해 때로 정말 불가능해 보이는 "서비스"를 제공함으로써 이 간격이 좁혀질 수 있을까? 우리가 무엇을 원하는지를 알고 이해심 많은 조수의 역할을 할 커뮤니케이션이 가능한 기계들을 만나는 날이 과연 오게 될까?

가상공간에서 컴퓨터그래픽으로 만들어진 가상의 대표자들을 뜻하는 아바타는 우리 중 많은 사람들에게 이미 공상과학소설에나 나오는 인물들이 아니다. 인터넷에서는 프로그램이 이용자들과 서로 의사소통하는 등 가상 세계의 급속한 발전이 이미 일어나고 있다. 의류업체의 인터넷 사이트에서는 사람들이 자신의 가상 거울 모습을 만들어서 개인 탈의실을 만들어 온라인으로 "옷을 입어볼 수 있다". 다른 사이트에서는 수다를 떠는 만화 인물들이 웹 가이드로서의 자신들의 임무를 수행한다. 이러한 인간화된 인터페이스의 예들이 고객 서비스에 있어서 여전히 뭔가 부족하다고 생각되면 그것은 제공되는 정보들이 점점 복잡해지면서 가상의 이용자들에게 여러 측면에서 과도한 요구를 한다는 생각 때문에 그렇다. 그래서 인간-기계 대화는 커뮤니케이션의 가능성과 사람들의 선호도에 맞추어 조정해주어야 한다.

인공지능 분야에서는 사람처럼 주변 환경을 인지하고 그로부터 추론을 하고 주변의 환경에 맞추어 행동할 수 있는 시스템을 어떻게 만들지 연구한다. 이때 목표는 인간-기계 커뮤니케이션을 인공지능을 통해, 즉 사람과 유사한 행동을 하는 시스템을 통해 개선하는 것에 있다. 복잡한 기술이 있을 때 사람과 유사한 방식으로 대화를 나누는 어떤 파트너가 있어서 도와준다면 정말 반가울 것이다. 그러기 위해서는 기계와의 대화가 마치 다른 사람들과 나누는 일상적 대화처럼 이루어지고 쉽게 파악할 수 있는 주변상황, 사용자에게 익숙한 주변상황이 만들어져야 할 것이다.

그러나 로봇이든 가상의 존재든 기계에게 커뮤니케이션 능력을 장착해주려면 무엇이 필요할까? 성공적인 커뮤니케이션은 상대자가 현재 상황을 잘 파악하고 유연하게 대처할 수 있을 때 가능하다. 이때 두 상대자 간의 지적(인지적) 능력뿐만 아니라 언어 표현처럼 자신을 전달하는 능력도 필요하다. 그 외에 인간에게 커뮤니케이션이란 얼굴과 얼굴을 맞대고 하는 것으로서 몸과 연관되어 있다는 독특한 특징이 있다. 특히 언어가 몸짓과 표정과 같이 동시에 작동함으로써 신뢰감이 가는 직접적인 의사소통이 이루어지는 것이다. 그래서 기계 시스템을 이같이 만들기 위해서는 몸이 필요하다.

오늘날 로봇뿐만 아니라 가상현실에서 대화 상대가 인간의 모습을 한 것은 우연이 아니다. 인간의 모습을 통해 대화 상대편을 경험할 수 있고 우리에게 익숙한 커뮤니케이션 형식을 통째로 이용하려는 우리의 요구를 반영한 것이기 때문이다. 눈으로 볼 수 있는 몸과 커뮤니케이션 능력을 가진 가상 존재는 기술 시스템의 아름다운 외관 이상의 역할을 한다. 바로 이 몸이 자연스럽고 복잡하지 않은 의사소통을 위한 전제조건을 제공해준다.

"안녕하세요, 저는 막스라고 해요"

"안녕하세요, 저는 막스라고 해요. 무엇을 도와드릴까요?" 이렇게 다정하게 맞이하고 게다가 도와준다고까지 하니 모든 사람들이 좋아할만하다. 미래의 가상공간에서 친절한 미소를 짓는 조수에게 환영을 받으면 우리의 기분이 좋아지지 않겠는가? 게다가 이 조수가 주변상황에 대한 지식도 가지고 있고 기계 시스템에 대한 "대화 상대자"로서 그 기능도 설명해주고 우리를 따라다니면서 도와주기까지 한다면?

빌레펠트 대학에서는 다년과제로 이러한 인공 대화 상대자를 개발하였다. 컴퓨터그래픽으로 만든 큰 화면의 가상현실에서 이 상대자는 인간의 모습을 하고 있다. 그는 가상 세계에서 독자적으로 행동을 취할 수 있고 또한 방문객들과 대화를 나눌 수도 있다. 또한 그는 삼차원 영상에서 가상의 탁자 위에 놓인 가상의 블록으로 작은 비행기나 비행기 모델을 조립할 때 도움을 준다. 즉 컴퓨터 시뮬레이션인 것이다. 그는 예를 들어 "지금 이 나사를 집어 이 테에 끼우세요!"라고 말하고 그때 해당되는 부품들을 가리킨다. 거꾸로 그는 우리가 말하고 가리키는 것을 알아들을 수 있는데 진정한 대화 상대자일 뿐만 아니라 더 나아가 모델조립에 있어서는 작은 "전문가"라고도 할 수 있다.

우리의 기계는 "다중모듈"적이라는 의미에서, 다시 말해 언어, 몸짓, 표정을 통하여 자기표현을 할 수 있고 가상의 물건을 조립할 수 있는 능력, 즉 "어셈블링"에도 능숙하기 때문에 우리는 이 로봇을 막스(Multimodaler AssemblingseXperte or Multimodal Assembling eXpert: MAX)라고 이름 지었다. 이 장의 처음에 나온 그림에서 막스는 다정하게 미소를 지으며 어떤 부품의 위치를 가리키고 합성된 음성으로 거기에 대해 이야기를 하는 손동작을 취하고 있다. 막스를 인간과 혼동할 정도로 비슷하게 만드는 것이 우리의 목표는 아니며 막스는 사람들과 서로 의사소통하는 인공존재라는 것은 처음부터 분명히 해두는 것이 좋겠다. 막스는 사람들에게 익숙한 커뮤니케이션의 형태를 보여줄 것이고 말을 하고 들을 때 우리를 보며 자연스러운 몸짓을 사용하고 어떤 말을 이해하지 못하면 얼떨떨한 표정으로 볼 것이고 자기가 말을 시작하기 전에 우리가 말을 끝내기를 기다릴 것이다.

이 책에서 막스는 다양한 커뮤니케이션 능력을 인공적으로 어떻게 만들어낼 수 있는지를 고민할 때마다 등장하게 될 것이다. 즉, 막스는 우리가 인공 커뮤니케이션 시스템을 개발하고 테스트하여 사람들의 커뮤니케이션의 기능에 대한 세부적인 인식을 얻고자 할 때 그러한 연구를 위한 모델 역할을 해준다. 동시에 막스는 전문 연구자뿐만 아니라 광범위한 대중에게 미래에 파트너로서의 인공로봇이 어떤 모습일지를 미리 알게 해주는 모델 역할도 한다. 막스는 여러 해 동안 컴퓨터 박물관에서 안내자로서의 일을 잘 수행하여 이제 어느 정도 자질을 인정받았다고 할 수 있다. 이에 대해서는 나중에 자세하게 다루도록 하자.

3

감정: 얼굴과 목소리의 표현

"드 기어는 머리를 옆으로 쭉 펴고 만족한 표정을 하고 무릎에 누워 자고 있는 시암 원숭이에게 '올리버야, 안녕'이라고 말했다. 올리버는 자면서 쌔근쌔근 소리를 답으로 주었다."

얀빌렘 반 드 베터링(Janwilem van de Wetering)이라는 작가가 추리소설 『암스테르담의 아웃사이더(Outsider in Amsterdam)』에서 묘사한 위와 같은 만족한 얼굴의 고양이를 나는 집에서도 여러 번 볼 수 있었다. 아마도 이것은 입 주변의 주름이 어떤 특정한 형태를 만들 때 머리 모양이 그런 느낌을 주는 것 같다.

개가 머리를 옆으로 하고 귀를 세우고 눈으로는 사람을 향하면 개주인은 지금 개가 자기에게 뭔가를 말하려 한다는 확신을 갖게 된다. 그러한 태도를 "말 걸기"로 해석하는 것은 사람과 동물 사이에 그 전에 있었던 여러 사건들을 바탕으로 설명을 할 수 있겠지만 이때 이루어진 눈맞춤은 애완동물도 어떤 의도를 갖고 있음을 말해준다. 동물의 커뮤니케이션 시스템을 관찰하면 표현의 수많은 가능성을 알게 된다. 그중 상당수가 언어와 상관이 없다. 예를 들어 얼굴의 표정이나 목소리의 즐거운 음향, 혹은 우는 듯한 음향은 존재의 내면의 상태를 해석할 수 있는 메시지를 전달해준다. 감정의 표현은 인간에게만 허용된 것이 아니라 진화의 과정 속에서 형성된 것이다. 그것이 바로 19세기 찰스 다윈(Charles Darwin)의 저서『인간과 동물의 감정 표현에 대하여(Der Ausdruck der Gemütsbewegungen bei dem Menschen und den Tieren)』의 가장 핵심적인 메시지이다. 다윈은 인간과 동물의 표현양식을 비교함으로써 인간만이 표현을 할 수 있는 유일무이한 종이 아니라는 것을 보여주어 자신의 진화론을 뒷받침하려고 했다. 예를 들어 "화가 나서 싸움을 하려는" 포즈와 "부드러운 기분에 취해 있는" 상이한 포즈의 고양이의 모습을 보면 동물이 취하는 몸의 자세, 귀의 모습이나 얼굴은 다른 동물이나 사람들에게 뭔가를, 예를 들어 이제 공격하겠다는 의도를 담은 메시지를 전달하고 있음을 알 수 있다. 사람이 동물과 같이 살 때 이러한 지식이 유용함은 고양이를 건드리면 안 되는 때를 배운 사람이라면 모두 알고 있는 것이다.

다윈의 책에서 독자들은 사람들이 때로 보여주는 자책의 시선에 대해서도 읽을 수 있다. 다윈은 대략 두 살 반 정도 된 아이에게서 자신이 뭔가 잘못했다는 표현을 관찰한 적이 있다고 기술하고 있다. 아이의 "부자연스럽게 빛나는 눈과 꾸민 듯한 시선"을 가진 얼굴표정이 너무나 그의 마음에 걸려 나중에 사실을 조사해보니 아이가 몰래 파우더 설탕을 먹었음을 알게 되었다는 것이다.

표정과 감정

"동물들도 자책하는 시선으로 바라볼 수 있을까?"라는 질문은 학자들에게 확실히 난해한 문제로 보인다. 이 문제에는 어떠한 형식이든지 간에 동물들이 자신의 행동과 의식에 대해 내린 자기평가가 개입되어 있다. 만약 우리 고양이가 특이하게 머리를 들고 반쯤 감은 눈으로 찡그리면서 나를 보면 나는 집구석 어딘가에 뭔가 귀찮은 일이 일어났구나 하는 생각이 든다. 예를 들어, 고양이가 머리카락 뭉치를 삼켰다가 토해냈다든지 혹은 자기에게는 하등 문제가 되지 않지만 사람은 이해심이 없으면 참기 힘든 것(내변: 역지주)을 굴려 향기가 퍼지도록 놔둔다든지의 일이 그러하다. 이러한 사태를 일으켰지만 고양이는 우리가 보여줄, 때로는 우리의 감정적인 반응이 동반될 상황이 다가올 것을 예감하고 있는 듯 보인다. 그리고 이러한 "예감"을 위와 같은 특정한 시선이 보여주는 것이다.

원숭이 얼굴이 표현력이 풍부한 것은 별반 이상한 일이 아니다. 침팬지들은 "거울 얼굴(Spiegelgesicht)"을 만들 수 있다〔거울 얼굴은 영장류의 "입벌림(open mouth display)"을 말함: 역자 주〕. 이것은 보통 웃음의 시작으로 이해되고 그들이 짓는 "공포의 일그러짐"은 미소의 전 단계로 간주된다. 이 미소는 여러 세밀한 표정들을 통해 사람들에게 이미 친숙하고, 그래서 이해된다. 사람과 침팬지의 얼굴표정들을 비교해보면 비록 우리가 훨씬 세밀하게 전달할 수 있는 음성언어를 가지고 있음에도 불구하고, 혹은 바로 그렇기 때문에 훨씬 표현력이 강한 얼굴표정들을 가지고 있음을 알 수 있다. 우리가 말을 할 때에는 다양한 얼굴표정이 동반되는데 이는 입을 움직이는 동작뿐 아니라 우리가 현재 처한 기분이 일으키는 것이다.

보통 불안, 기쁨, 슬픔, 화남, 놀람 혹은 역겨움과 혐오까지 표현할 수 있는 얼굴근육의 복잡한 합주 속에서 동반되는 이러한 메시지들을, 듣는 사람들은 대개 무의식적으로 받아들인다. 또한 다윈의 책에 따르자면 사람의 얼굴은 더 섬세한 메시지들을 전달할 수 있는데 예를 들어 앞서 언급했던 죄책감, 불쾌감, 불만, 거부 및 심사숙고까지도 가능하다.

우리 모두는 다음과 같은 관찰을 해본 경험이 있다. 우리는 생각에 빠져 있는 사람을 본다. 이 사람은 이마를 찡그린 것이 아니고 눈썹을 조금 잡아당긴 듯 보인다. 두 눈은 어디에 고정이 된 것이 아니라 우리를 스쳐 통과해 더 먼 곳을 보고 고개를 약간 숙이고 있고 눈은 조금 위로 향해 있다. 이때 우리는 심사숙고하는 시선이라는 말을 한다. 이것은 사실 두 눈의 특정 근육들이 이완된 것 때문에 그렇다. 만약 이 순간에 깊은 생각에서 방해를 받거나 장애물에 부딪치면 이마를 찡그리게 된다. 그때 눈썹이 모이고 코 뿌리 위에 특징적인 주름이 생겨나게 된다. 우리가 번쩍거리는 빛을 보면 눈을 감아 보호하듯이 괴롭게 하는 영향을 줄이려 시도한다. 이것은 눈썹의 주름이 태초부터 갖고 있는 생물학적 기능이다. 우리는 누군가 우리에게 마음에 들지 않는 말을 하면 이마를 찌푸리게 된다. 즉, 우리의 마음속에서 차단을 한다는 말이다. 그러나 이러한 차단은 바깥으로 드러나기 때문에 우리는 대개 다른 사람의 눈에 저절로 띄는 커뮤니케이션 신호를 보낸다. "오늘따라 표정이 어두워 보여, 내 말이 뭐 잘못되었니?"라고.

감정표현에 대한 다윈 책의 비평판 후기에서 심리학자 폴 에크만(Paul Ekman)은 비밀스러운 감정까지 외부로 전달하는 사람의 얼굴표정들이 갖고 있는 커뮤니케이션 기능에 대하여 다음과 같이 말하고 있다.

> "감정의 표현 형식은 대단히 효과적이다. 우리는 의도된 것이 아니라는 이유에서 이러한 형식을 신뢰하기 때문이다. [...] 물론 우리가 그러한 표현 형식들을 사회적 목적을 위해서 의식적으로 사용하는 상황들이 있기는 하다. 동의나 거부를 알리기 위해서 혹은 우리가 실제로 어떻게 느끼는지를 감추기 위해서 말이다. [...] 그러면 내가 천기누설이라고 부른 상태가 나타난다."

미국의 텔레비전 시리즈물 〈나에게 거짓말을 해봐(Lie to me)〉로 이미 유명세를 탄 바 있는 에크만은 "천기누설"이라는 용어로 아주 중요한 점을 지적하고 있다. 우리는 우리의 진짜 입장을 말을 할 때에는 때로 억누를 수 있을지 몰라도 얼굴표정은 그럴 수 없다는 것이다. 그 예가 바로 억지 미소이다. 우리는 좋은 인상을 주어야 한다고 생각하면서 실제로는 그러고 싶지 않을 때 입 주위 근육이 위로 올라가 어색한 미소가 만들어지는 것이다. 그 원인은 무엇일까? 이때 두 눈이 같이 미소를 짓지 않기 때문이다. 왜냐하면 진실한 미소를 지을 때에는 우리는 무심코 눈 주위의 둥근 근육들을 잡아당기고 그래서 바깥으로 주름들이 잡히고 경우에 따라서는 근육이 눈물샘을 자극해서 빛도 나게 되기 때문이다. 이 모든 것은 억지 미소와는 다른 것이다.

이런 메시지를 제대로 해석하는 법을 배운 사람은 웬만해서는 속아 넘어가지 않는다. 인간의 얼굴근육이 우리의 표정을 어떻게 행동으로 보여주는지는 7장에서 더 자세하게 다루어질 것이다. 여기에서는 외부의 표정과 내부의 감정을 다루도록 하겠다.

우리는 흔히 웃음은 전염된다고 말을 한다. 웃음은 우리의 감정에 영향을 준다. 이러한 것을 독자는 경험으로 이미 알고 있다. 누군가가 당신에게 미소를 지으면 비록 그 사람이 누군지 모르더라도 여러분의 얼굴이 무의식적으로 미소를 따라 짓게 되는 경험 말이다. 이것은 이미 아주 어린 아기들과의 사회적 접촉에서도 보이는데 우리는 아기들이 우연히 지은 미소를 받아들여 바로 이에 화답을 한다. 이것은 '전염'이 갖고 있는 아주 원천적인 사회적 기능을 입증해준다. 사람들은 우리 두뇌의 특수한 신경세포들이, 이른바 거울 뉴런들이 이 일을 맡고 있다고 가정한다. 그리고 우리는 미소와 관련되었던 감정을 다시 느끼게 되는데 미소는 우리의 내면을 자극하는 것이다.

더 나아가 이러한 연결들은 당신이 혼자 있을 때에도 이루어진다. 한번 미소를 지어보라. 혹은 눈썹을 모으고 이마를 찡그려서 "어두운" 표정을 지어보라. 느껴지는가? 이제 당신은 눈썹을 이완시키면 긴장이 사라지는 것을 느끼게 될 것이다. 이것은 중요한 관찰이라 할 수 있는데 우리의 감정이 외부에서 보이는 표정에만 흔적을 남기는 것이 아니라 반대로 외부에 지어진 얼굴표정이 안쪽으로 우리의 내면에도 영향을 미친다는 것을 보여주기 때문이다.

그러나 그것은 객관적으로도 그렇다고 말할 수 있을까? 안데흐 소재 막스플랑크 연구소의 의학자이자 인간윤리학자 불프 쉬펜회벨(Wulf Schiefenhövel)은 자신의 연구팀과 폴 에크만이 공동으로 행한 실험에 대해 다음과 같이 보고한다. 일단의 배우들이 자신의 얼굴을 특정한 방향으로 움직이라는 지시를 받는다. 예를 들어 "입주름을 아래로 당기고 눈썹을 모으라" 등의 지시이다. 이때 심장주파수와 피부온도를 측정하는데 이것이 감정이 흥분했다는 증거이기 때문이다. 첫 번째로 놀라운 것은 실험대상자들이 어떤 느낌을 받았는지를 물어보았을 때 지금 지은 표정에 대응하는 감정을 기술하였다는 것이다. 위의 예에서는 슬픔이고 반대로 위로 입주름을 당길 때는 기쁨이다. 측정치 자체도 이를 반영한다. 슬픔과 기쁨에서는 심장박동과 피부온도가 올라가고, 토하기 직전의 얼굴표정인 "구역질나는 표정"에서는 내려가는데 실제로 사람들이 구토할 때에도 그러하다.

얼굴표정과 감정 사이에 관련이 있음은 명약관화하다. 얼굴표정은 우리 자신과 다른 사람에게 감정을 만들어준다. 기분이 나쁜 사람에게 나의 미소가 전염되거나 혹은 반대로 내가 기분이 나쁠 때 미소가 전염되어오는 것보다 더 좋은 일은 없다. 이러한 능력을 의식적으로 혹은 무의식적으로 사용하는 것은 매일의 일상에서 많은 경우 (물론 어떤 것은 반대이지만) 긍정적인 영향을 미치는 것이다.

사람은 목끈과 배힘 주식회사다?

우리의 얼굴뿐만 아니라 우리의 목소리도 자연이 만들어준 기적의 커뮤니케이션 도구라 할 수 있다. 말을 할 때 동반되는 청각적 표현은 말해진 단어들의 의미를 강조하거나 변형시키는 많은 신호들을 더불어 전달한다. 우리의 목소리는 강한 힘을 가질 수도 있고 잔잔하거나 기쁘거나 슬프거나 혹은 청아하거나 스트레스를 담거나, 다정하거나 화가 났거나 환호를 하거나 경악을 금치 못할 수도 있다. 또한 우리가 말로 하는 모든 것은 음울하거나 생기발랄하거나 높거나 낮은 음성 멜로디라는 배경을 가지고 있다.

소리를 낼 때 가장 먼저 성대순이 간여하는데 성대순은 후두 속에서 (작은 입처럼) 성문의 가장자리를 형성한다. 후두근육이 안쪽에서 성대의 위치, 긴장도, 길이를 변형시킬 수 있고 이를 통해서 성문이 열리거나 닫힌다. 그리고 성대가 숨을 살짝 불어넣으면 균일한 소리가 생겨난다. 소리의 높낮이는 안쪽에서 성대순을 지나가는 성대가 뻗거나 굽거나 하면서 조절이 된다. 만약 당신이 마치 트럼펫의 무는 부분처럼 두 입술을 꼭 다물고 다양한 높이를 가진 음을 만드는 것을 배운 적이 있다면 당신은 성대순의 기능에 대한 좋은 모델을 이미 알고 있는 것이다.

특별히 낮은 톤에서는 후두가 앞으로 숙여지는데 낮은 톤을 흥얼거리면 느낄 수 있다. 이러한 과제는 목 안에서 후두를 걸고 있는 근육 중의 하나가 담당한다. 아주 높은 톤에서는 후두는 다른 근육으로 위로 당겨질 수 있다. 다른 두 근육들이 적확하게 표현하자면 "인후끈"들을 형성한다. 인후끈들이 사용되면 후두를 인후 쪽으로 당기고 그러면 목소리는 거칠고 눌려서 나오게 된다. 화가 나거나 성이 났을 때("이 자식 두고 보자"라고 말할 때)뿐만이 아니라 예를 들어 우리가 허스키한 목소리로 감탄을 표시할 때에도 그렇다("우와, 정말 끝내준다!").

그 어떤 음성도 호흡 근육이 없다면 나오지 않는다. 여기에 연결된 네 가지 배 근육들이 있다. 소위 "배힘"이다. 이것들이 수축하면 배의 용량이 줄어들고 허파에서 나오는 공기를 압박

한다. 이러한 과정은 늑간근을 흉곽이 좁히면서 일어난다. 이때 공기가 후두에 도달하고 배와 가슴 사이에서만 올라갔다 내려갔다 하지 않는 것은 내부와 외부의 늑간근의 조화로운 이용 덕이다.

그 외에도 분절화된 소리를 만들어내기 위하여 입과 후두의 근육들이 사용된다. 이들은 예를 들어 인후에서 만들어진 기본음을 공명진동수를 변형시켜 조정한다. 그렇게 해서 예를 들어 많은 다양한 모음들이 만들어진다. "s", "c"와 같은 다른 음들은 구강-인후-공간 속에서 만들어진다. 많은 근육들이 이때 같이 일을 한다. 입술근육은 입의 공기가 나오는 입구를 만든다.—입을 뾰족하게 모아 u를 만들어 보라—혹은 예를 들어 우리가 "아"라고 말을 하면 턱의 근육은 구강의 입구를 확대한다. 연구개의 근육들은 어떤 음이 콧소리가 될지 째지는 소리가 될지 결정하고, 혀의 근육들이 비로소 우리가 다양한 소리를 만들게 해준다.

조절을 담당하는 신경세포(소위 음소세포, 즉 소리를 만들어내는 운동신경)는 전체 신경 체계에 아주 넓게 퍼져서 분포하고 있다. 말하기와 음성표현을 담당하는 많은 근육들이 음성구조를 제대로 만들어내기 위해서는 이 신경세포들이 모두 같이 일을 해야 한다. 이러한 사실들을 알게 되면 언어와 청각적 표현들이 두뇌를 통해서 얼마나 복잡하게 조절되는지를 알 수 있을 것이다. 이러한 인식은 신경생물학자 우베 위르겐스(Uwe Jürgens)가 괴팅엔의 영장류 연구소에서 수년째 해오고 있는 연구를 통해서 밝혀졌다. 그의 연구 대상은 인간과 원숭이이다. 비록 원숭이들이 분절화된 언어를 말하지는 못하지만 인간의 감정이 소리로 표현되는 것과는 놀랄 만큼 유사함을 보여준다. 원숭이들은 인간과 공통의 종족사적 뿌리를 보여주는 것이다. 원숭이들의 소리는 신경질적이고 화가 났거나 억압하거나 환호하는 듯하고 심지어는 섬세하게 들릴 수도 있다. 그리고 이는 인간과 동일한 음성기관에서 만들어지는 것이다. 즉 인후끈과 배힘 주식회사에서 말이다.

우리는 표현들이 얼굴표정과 목소리와 서로 얼마나 밀접하게 얽혀 있는가를 매일 상대자와 교제하는 가운데 관찰할 수 있다. 즐거운 얼굴은 즐거운 목소리를 동반한다. 우리가 전화에서 즐거운 목소리를 들으면 그에 걸맞는 얼굴표정이 눈에 선하게 떠오르는데 특히 우리가 상대편을 만나고 친해질수록 더욱 그렇다. 얼굴과 목소리로 전달된 신호는 마치 교향악에서처럼 통합되어 전체로 표현되는데 이는 복잡한 커뮤니케이션 시스템에 의해 조정되는 것이다. 이것은 우리의 몸에서 하나로 합쳐진다.

4

협업: 가상의 작업장에서

우리는 비닐 가운을 입고 밝은 색 렌즈를 가진 선글라스처럼 보이는 3D 안경을 쓴다. 우리 다섯 명은 어둡게 만든 동굴 모양의 은빛이 잔잔하게 비치는 공간에 조심스럽게 들어선다. 한 3미터 정도의 폭과 높이를 가진 공간이다. 벽과 바닥에는 불이 켜진 글자판이 있어 우리가 어디에 있는지를 보여준다. 우리는 인공지능과 가상현실 방에 있는 것이다. 여섯 개의 감추어진 프로젝터들이 이 글자판들을 빛으로 쏘아준다. 어두컴컴해도 우리는 구석구석 검은 카메라들이 설치되어 있고 적외선 카메라들이 보이지 않는 광선으로 사람들과 그들의 움직임을 파악하고 있음을 알게 된다. 나는 두 손에 검은 데이터 장갑을 끼고 있다.

이제부터 시작이다. "막, 원, 투, 열어!" 두 발 밑으로 둔탁한 움직임을 느끼고 우리 옆과 앞의 영사막이 높이 올라가고 우리는 넓은 공간에서 주위를 살펴본다. 보랏빛 상의와 청바지를 입은 인조인간이 우리에게 다가온다. 약간 마른 타입이고 잘 어울리는 갈색 머리카락을 가지고 있다. 꿰뚫어 보는 듯한 그의 파란 눈은 우리를 향한 것처럼 보인다. "안녕하세요, 저는 막스라고 해요. 만나서 반갑습니다"라고 말할 때 그의 눈썹은 잠시 위로 올라가고 얼굴의 가상 피부가 움직여 마치 미소를 짓는 것처럼 보인다.

나는 그에게 한 발자국 다가간다. 그는 다정하게 나에게 오른손을 들어 올리는 동작을 하고 나도 답례로 오른손을 들어 보인다. 나의 손과 막스의 컴퓨터로 그려진 손이 가상의 세계에서 손바닥이 서로 부딪치는 순간 짝 소리가 나고 파란 작은 불꽃이 번쩍인다. 막스의 인간 손님은 이러한 방식으로 환영을 받는다.

막스를 따라가다

"저를 따라오십시오. 무엇을 보여드릴까요?" 그는 나지막한 목소리로 말하면서 우리 앞에서 움직이고 있다. 몸짓은 다소 뻣뻣하고 부자연스러워 보이지만 사람들은 그의 어깨에 손을 얹어놓을 수도 있다. 그는 잠시 몸을 돌린다. 그는 내가 어디에 있는지를 알고 있다.

우리는 막스를 따라 환한 세계를 통과해 가상의 의자들과 탁자, 책장을 지나간다. 저 멀리에 문이 열려 있는 빨간색 차가 보인다. 2인승이고 네 바퀴에 오토바이 인도장치가 달려 있다. 막스가 이 차를 조립했을까? "여기 좀 보세요." 잠시 우리는 멈춰 선다. 작은 회색 로봇이 네 발로 우리의 길을 가로질러 온다. 막스는 몸을 돌려 다른 편 길로 계속 간다. 우리는 무의식중에 그에게 길을 내준다.

우리는 큰 문 앞으로 간다. "흉내내기 놀이"라고 위쪽 천정 대들보에 멋진 글씨체로 써 있다. 허공에는 가상의 얼굴과 두 손이 나와 같은 높이에서 흔들거리고 있다. "이 방에서 당신은 거울에서처럼 모방이 됩니다"라고 막스가 말하는 것을 듣는다. 내가 얼굴을 옆으로 돌리면 허공의 가상 얼굴은 나와 같은 방향으로 돌리고 허공의 두 손은 나의 손운동을 따라하고 얼굴은 내 머리운동을 따라한다. 완전히 동시적으로 이들은 나의 동작을 일대일로 모방하고 있다. 이 따라하기는 나의 손과 머리 움직임을 모방하는 가상의 놀이이다.

막스는 왼쪽 문 앞에서 기다린다. "저도 당신을 흉내 낼 수 있습니다." 내가 그에게 두 팔을 뻗자 그는 똑같이 한다. 나는 오른손을 앞으로 뻗어보는데 그도 그렇게 한다. 막스는 사람의 움직임을 방금 전의 거울 모습에서처럼 동시적으로는 아니고 먼저 잘 관찰한 다음 따라한다. 그의 머리 위로 가끔 공중에 알파벳들이 흔들거린다. 이 알파벳들은 바로 손가락들의 위치,

두 손의 위치, 그리고 이 둘이 몸에 대해 어떤 움직임인지를 상징화한 부호들이다. 이러한 알파벳을 가지고 막스의 몸짓을 만들어낼 수도 있다.

우리는 가상의 존재가 때로 눈빛을 반짝이고 머리를 긁거나 다리의 중심을 이리저리 옮기는 것을 감탄하면서 바라본다. 막스의 가슴은 숨 쉬는 것을 거의 느끼지 못할 정도로 올라갔다 내려갔다 한다. 갑자기 막스는 불평을 한다. "지루한데요." 좋아, 그럼 계속 더 가보자. 우리는 구석에 선다. 둥근 탁자가 놓여 있는데 벽에는 가상의 벽보들이 붙어 있다. 막스는 탁자로 가서 우리를 두 눈으로 지켜본다. 나의 모든 움직임들은 가상현실에서 기록되고 있다. 내가 몸을 구부리면 삼차원의 상들이 변한다. 나는 탁자 밑으로 막스의 두 다리와 약간 나무토막 같은 느낌을 주는 그의 신발을 본다.

비행기를 조립하다

탁자 위에는 여러 가지 부품들이 놓여 있는데, 구멍이 세 개인 나무 테가 두 개 있고 구멍이 다섯 개인 나무 테가 하나, 머리색이 다른 나사못들 몇 개, 면마다 다 구멍이 나 있는 빨간 주사위 하나, 그리고 몇몇 부품이 더 있다. 모두가 다 진짜인 것처럼 보인다. 그러나 내가 하나를 집으려 하자 나는 허공에 부딪친다. 가상현실인 것이다.

나는 장갑을 낀 오른손을 뻗어 옆에 놓인 나사못을 가리킨다. "이것 말이에요?" 하고 막스의 합성된 목소리가 숨겨진 스피커에서 울리고 그는 맞은편에서 검지손가락을 쭉 뻗고 나머지 손가락은 뭉쳐 쥐며 내가 말한 나사를 가리킨다.

나는 다시 한 번 시도를 하여 막스 바로 앞에 놓인 나무 테를 가리킨다. "이 구멍이 있는 틀 말이에요?"라고 답하고 막스는 자연스럽고 정확하게 그 나무 테를 가리킨다. 이런 일이 몇 번 더 반복되면서 의사소통은 별다른 문제없이 착착 이루어진다.

이 부품들을 가지고 우리는 비행기도 조립할 수 있을 것이다. 그러나 정확히 어떻게 만들어야 할까? 우리는 프로펠러에서 시작했다. 나는 안경에 장착된 작은 소형 마이크에 대고 말을 한다. "프로펠러 만드는 법을 시범으로 보여줘." 막스가 바로 대답한다. "제가 이제 프로펠러 만드는 법을 설명해 드릴게요." 그는 노란 나사와 짧은 나무 테들을 가리킨다. "이 나사들을 이 나무 테에 끼우세요."

내가 가상의 부품들을 만질 수 없는데 어떻게 이 일들을 해낼까? 막스에게 시키면 되나? 어디 한번 해보자. "노란 나사들을 나무 테에 끼워!" 내가 말을 하자마자 나사가 마치 귀신이 곡할 노릇으로 구멍 다섯 개의 테에 바깥으로부터 꼭 끼워진다. 분명히 막스의 인공지능 두뇌는 벽 뒤의 보이지 않는 컴퓨터 부품 상자 속에서 어떤 나사가 이 테에 들어맞는지를 계산한 것 같은데 그것도 번개처럼 재빠르게 해낸 것이다.

그렇다고 프로펠러가 작동할 수 있을까? 막스는 대답을 한다. "이 방식은 틀렸습니다. 다시 한 번 보여드릴게요. 이 나사를 이 테에 끼우세요." 이번에는 나는 그것을 정확하게 보고 나서 지시사항을 보다 정확하게 말로 표현한다. "노란 나사를 구멍 세 개의 테 한가운데 끼워." 이번에는 제대로 잘 되었다. 노란 나사는 세 구멍 테 위에 미끄러져 들어가 이제 가운데 구멍에 들어앉아 있다.

막스는 말한다. "오케이, 이제는 이 나사를 이 테에 끼우세요." 그때 그는 세 구멍 테에 꽂힌 나사를 가리키면서 다른 세 구멍 테를 가리킨다. 나는 빈 세 구멍 테를 가리킨다. "노란 나사를 거기에 끼워." 그리고 찰칵. 두 개의 세 구멍 테는 이제 상하로 놓여 있고 가운데가 나사로 서로 연결되어 있다.

"오케이, 그리고 이제는 이 테를 다른 테에 대고 비스듬하게 돌리세요." 나에게 시범을 보이기 위하여 막스는 공중에서 두 손을 서로 엇갈리게 만든다. 나는 말한다. "테를 이렇게 빙 돌려." 그때 나는 검지손가락으로 테 위를 돌린다. 착, 이제 프로펠러가 제대로 돌려진다. 막스가 말한다. "잘 했어요. 이제 프로펠러를 제대로 조립하셨고요. 더 설명하거나 보여드려야 할 것이 있나요?"

그렇다면 좋아. "조종실을 조립하자." 이제는 막스 차례이다. "내가 이제 어떻게 조립하는지 보여드리지요. 이 나사를 이 테에 끼우세요." 그는 다시 부품들을 가리킨다. 벌써 집어넣었다. 나는 "잠깐" 하고 외친다. 막스는 고개를 들어 물어보듯이 내 쪽을 바라본다. "뭐라고요?" 내가 탁자를 돌아서 가는 동안 막스는 나를 기다리면서 눈으로 바라본다. 나는 내가 만든 작품을 본다. 모든 것이 다 제대로 된 것 같다. "오케이." 막스는 작업을 계속한다. "이 나사를 이 블록에 끼우세요." 말하자마자 그대로 된다. "자 이제 조종실이 잘 조립되었습니다."

커뮤니케이션의 용이성

이러한 방식으로 우리는 미래에는 가상의 자동차 원형도 조립할 수 있다고 생각을 해본다. 예를 들어 좀 전에 본 빨간 자동차 말이다. 그리고 실제의 부품들을 사용하지 않고도 자동차 원형 모델을 조립해볼 수 있을 것이다. 사람들은 원형 모델을 변경하고 모든 것이 다 제대로 들어맞고 현실세계에서도 실제 조립이 가능하도록 또 변경할 수 있다.

그사이에 막스는 앞장서서 복도를 따라 내려간다. 그는 이미 스무 발자국이나 우리를 앞서 가고 있다. "막스!"라고 외친다. 막스는 마치 "빨리 따라오세요"라고 말하듯 고개를 돌려 어깨 너머로 되돌아본다. 우리는 바깥으로 나가서 전망대 위에 선다. 주변의 밝은 빛에도 불구하고 우리는 검고 깜빡이는 별이 빛나는 하늘을 깊이 바라본다. 정말 대단한 광경이었다.

막스는 계속 우리의 왼쪽에 서 있다. "막스!" 그는 우리를 건너다보더니 마지막으로 말한다. "여기는 근사한데요, 그렇지 않아요? 방문해주셔서 감사합니다. 저는 여기 조금 더 있다 가겠습니다." 우리도 그럴 예정이었다. 막스라는 작업장 조수와 같이 있으면서 이제까지는 사람들만이 가졌다고 생각되는 커뮤니케이션 능력을 시험해본 것은 흥미로운 일이었다.

가상의 작업장은 사실은 사람과 컴퓨터 사이의 인터페이스이다. 즉, 컴퓨터와 대화하는 좀 더 편안한 방식의 인터페이스 말이다. 마우스나 자판 대신에 사람들은 미래에는 막스와 대화하면서 공동으로 가상 세계에서 작업을 할 수 있다. 대강 "저기 저거!"라고 말하면서 손가락으로 물건을 가리키면 되는 것이다. 그리고 이러한 방식은 사람들 사이의 자연스러운 의사소통 방식이기도 한 것이다.

5

음성: 사람들은 어떻게 표현력이 풍부한 말을 할 수 있을까?

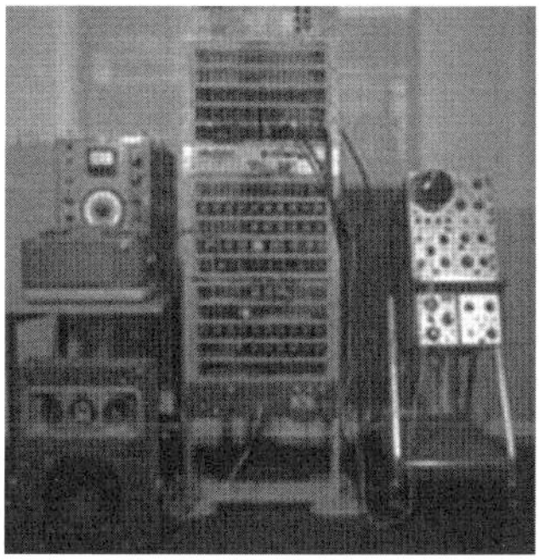

"'우리는 목적지에 곧 도착하게 될 것입니다'라고 로봇택시가 명령어에 반응하는 기계 목소리로 아무런 감정 없이 말한다. 주티는 장난임을 알아차렸지만 웃을 수는 없었다."

미국의 공상과학소설 작가인 우어술라 르 귄(Ursula Le Guin)이 쓴 이 짧은 텍스트 「소설가들(Die Erzähler)」에 미래에 대한 비전이 세 가지 들어 있다. 첫 번째로 로봇 목소리는 자연스럽게 들리지 않는다는 것이다. 두 번째는 또 그래야 한다는 것이고, 세 번째는 로봇이 농담 같은 장난을 칠 수 있다는 것이다. 「소설가들」 이야기에 나오는, 멀리 떨어진 혹성에서 임무를 수행중인 젊은 언어학자인 주티에게 로봇과의 대화는 일상생활의 한 부분을 이룬다. 주티가 이 안내방송을 농담인 줄 알면서도 웃지 않는 이유는 지금 정신없는 택시를 운전하고 있기 때문에 그런 것이지 기계 목소리라서 그런 것은 아니다. 사람들은 로봇의 목소리가 완전히 사람의 목소리처럼 들리는 것을 원치 않는다. 또한 설령 사람들이 원한다 하더라도 그렇게 만드는 것은 간단한 일이 아니다.

인공적으로 합성한 언어들은 이미 우리의 일상에 파고들어 있다. 그 응용 범위는 자동 안내전화에서부터 "내비게이션"을 거쳐 말하는 것을 얼굴표정과 몸짓으로 보강하는 컴퓨터 애니메이션의 인물들에까지 광범위하다. 3장에서 한번 나온 적이 있는 "인후끈, 배힘 주식회사"를 회상해본다면 표현력이 풍부한 언어를 만드는 것이 얼마나 어려운 일인가를 알 수 있다. 인공적으로 어떻게 이러한 언어를 만들지의 문제는 그래서 심사숙고해서 접근해야 한다. 출산할 때의 목소리 같은 특수한 경우는 배제하더라도 앞의 막스에서 보듯 이제 문제는 어떻게 강조를 잘 할 수 있을까, 어떻게 인공 목소리가 기술적인 관점에서 볼 때 표현력이 부족한 기계소리로 들리지 않을까이다.

음성언어

사람은 개개의 소리를 차례차례 말하기보다는 지속적인 흐름 속에서 말한다. 자세히 관찰해보면 개개의 단어들조차도 알아들을 수 있는 간격을 두면서 따로 분리해 말하지 않는다. 우리는 "때로그런일이" 식으로 말하지, "때로 그런 일이"라고 쉬어가면서 말하지 않는 것이다. 그러나 우리의 두뇌는 말소리의 익숙한 흐름 속에서 그 구조를 알아듣는다. 우리는 단어들을 따로 분리된 단위로 인식하고 강조뿐 아니라 그 외 많은 것들을 알아차린다.

언어학자들은 단어를 구분하는 음절들에 대한 보편 목록을 만들 수 있다고 주장한다. 우리는 이를 '음소(Phonem)'라 부른다. 이제까지 약 140개의 음소가 확정되었다. 한 (민족)언어는 이 가운데서 기껏해야 몇 십 개 정도만을 사용한다. 독일어, 영어, 덴마크어를 비교해보면 음소들은 부분적으로 차이를 보인다. 더 나아가 청각적으로 구분 가능한 모든 소리의 목록을 만들게 된다면 이것은 음운 목록이 될 것이다. 외국어 교육에서 사용하는 발음부호와 비슷하게 사람들은 음성언어와 그 발음의 미세한 차이들을 기록할 수 있다. 예를 들어 Lied라는 독일어 단어의 발음 기호는 [li:t]로 표기된다. 컴퓨터 기호에서도 모든 음성 기호들이 번역되어 있다. 이를 통하여 어떠한 순서로 한 텍스트에서 음성들을 발음해야 되는지를 컴퓨터에 적합한 방식으로 표기할 수 있다(그리고 우리의 막스는 이제 이것을 필요로 하게 될 것이다).

상징체계의 일종인 인간 언어를 측정기계를 가지고 조사한다면, 예를 들어 모음 같은 유성음들은 특정한 주파수에서 만들어짐을 알 수 있다. 악기소리에서와 같이 이는 기본음과 상위음들로 이루어져 있다. 사람 음성의 기본음은 목소리의 상태에 따라 다르지만 대체로 100헤르츠(초당 진동수)이다. 여성 목소리는 220헤르츠이고 어린이들은 300헤르츠이다. 상위음은 "배음(倍音)을 이루는데" 이는 기본음의 몇 배수 식의 정수로 표시된다는 말이다. 이 특수한 조합으로 우리의 모음이 만들어지는데 이것으로 목소리의 개인적 음향 특성이 결정된다. 무성음들은 이에 비해 성대가 떨리지 않는 소리라 할 수 있는데 이는 고주파수 소리들이다.

우리에게 어떤 말이 표현력이 풍부하게 들린다면 이는 우선은 언어의 멜로디 때문에 그러하다. 소리 높이, 즉 피치는 기본음에 근거해서 알아듣게 된다. 기본음이 높으면 높을수록 목소리는 높게 들린다. 신호가 측정 기계를 더 세게 때리면 그만큼 목소리 강도가 큰 것이다. 그런데 소리의 강도는 소리의 시간적 길이뿐만 아니라 주파수 영역에서마다 듣는 민감도가 다르기 때문에 소리 낼 때의 기본음에 따라 다르게 들린다. 더 높을수록 더 크게 들리는 것이다. 그런데 한 문장 속에서 다른 부분에 비하여 어떤 단어나 모음이 강조되어 들린다면 그 원인은 정확히 어디에 있을까?

피치 모양과 모음 길이

언어학자들은 이전에는 강조하는 말을 할 때 "내쉬는 힘"이 높아진다고 주장해왔다. 그러나 언어 신호에서 이를 측정하기란 쉽지 않다. 측정할 수 있는 것은 음 높이의 진행(피치 모양), 말해진 음절이나 음의 시간적 길이뿐이다. 그래서 사람들은 강조를 피치 모양이나 음절 길이로 측정할 수 있을 것이라고 생각하게 되었다. 사람들은 강조를 음절이나 단어에 "악센트 주는 것"이라고도 말한다. 이는 언어 멜로디에서는 세게 때리는 것이고 길게 발음하는 음절로 확인된다.

예를 들어보자: "**분**데스레푸블릭(**BUN**desrepublik)"이라는 단어에서 보통은 진한 글씨로(독일어에서 대문자로) 표기한 "분(BUN)"이 더 높은 피치로, 또 다른 음절보다 더 길게 발음된다. 단어 강세란 사람들이 한 단어 내에서 음절들을 발음할 때 강조되는 음절을 말한다. 문장 강세는 문장들 내에서 통째로 강조되는 단어를 말하는데 예를 들어 "**곧** 당신은 **목적지**에 도달할 것입니다"와 같다.

강조의 목적은 문장 단락에 초점(Fokus)을 주기 위한 것이다. 그래서 "나는 기도에 **빵부스러기**가 들어가서 기침을 하지 않을 수 없었다"라는 문장에서 초점은 "빵부스러기"에 놓여 있고 바로 이 자극 때문에 기침을 한 것이라고 전달하려는 화자의 의도를 보여준다. 강조의 다른 방식은 "그 여자는 나의 아내가 아니라 나의 **누이**이다"와 같은 대조이다. "누이"라는 단어는 "아내"와 대조를 이룬다. 이때 기본음을 꺾고 분명하게 높여 피치 모양에서 첫 번째 음절을 특별히 강조하고, 그에 비해 주변의 음절들은 강조하지 않고 발음하게 된다.

사람들이 인공적으로 말의 표현력을 풍부하게 만들고자 하면 예를 들어 위에서 한 것처럼 음성 알파벳처럼 소리만 기술해주는 것으로는 충분치 않다. 더불어 강조점들도 표시를 해주어야 한다. 이를 위해서는 언어 멜로디 표시로 분명하게, 예를 들어 "높음(고)", 혹은 "낮음(저)"와 같이 소리를 표기해주어야 한다. 여기서 이에 대한 세부사항을 더 자세히 다루지는 않겠다. 그러나 우리가 분명히 짚고 넘어갈 것이 있는데 강조가 말의 의미에 미치는 영향력이 크다는 것이다. 예를 들어 문장 "그는 그렇지만 **거짓말을 했어요**"와 "그는 **그렇지만** 거짓말을 했어요"는 차이가 있는 것이다. 앞서 말한 소리 표기에 있어서 사람들은 텍스트의 어떤 부분을 어떤 높이의 목소리로 발음할 것인지를 정해야 한다. 그런 방식으로 사람들은 강조된 음정이나 단어뿐 아니라 어떤 문장의 끝도 표기를 할 수 있다. 예를 들어 "이해하셨지요?"라는 의문문에서는 끝이 올라가게 된다.

다양한 강조의 방식은 언어의 표현력을 풍부하게 하기 위해서만 필요한 것이 아니고 특정한 방식으로 박자를 맞추는 언어와 몸짓을 서로 일치시키기 위해서도 필요한 것이다. 심지어 예를 들어 "그 큰 그림을 저기에다가 걸어"라고 말하고 그 자리를 가리킬 수 있는데 그러면 저기라는 단어는 주위의 다른 단어보다 더 길게 발음하게 된다. 이때 손의 가리킴은 시간적으로는 "저기"라는 말과 같은 시간대에 일어난다. 이것에 대해 우리는 8장 「리듬: 커뮤니케이션의 리듬」에서 좀 더 자세하게 알아볼 것이다.

막스의 목소리

이제 우리는 인공적으로 만들어진 존재들이 어떻게 표현력이 풍부한 말을 할 수 있을지를 다루어보자. 이를 위해서는 우선 사람의 목소리와 유사한 소리와 음향들이 만들어져야 한다. 예전에는 이를 위해서 특수한 장비들을 사용했는데 예컨대 보코더(vocal coder의 합성어)가 그러한 장비이다. 이를 위해서 어떠한 기술이 필요한지는 이 장의 시작부분에 나오는 사진들을 보면 알 수 있다. 1960년대에 〈엔터프라이즈(Enterprise)〉라는 미국의 텔레비전 모험 시리즈에서 많은 대중들이 최초의 보코더 목소리를 들을 수 있었다. 혹시 기억이 나시는가?(이 텔레비전 드라마의 재방송을 한번 보시라!) 거기에서 우주선 오리온은 항해를 시작하기 전에 매번 기계음으로 카운트다운을 시작했다. "십… 구… 팔…" 그것이 바로 보코더 소리이다.

보코더는 원래 유럽과 미국에서 전화정보압축을 위해서 개발되었는데 그 원리는 이미 다룬 것처럼 음성언어의 흐름은 세 가지 요소로 나눌 수 있다는 사실에 바탕을 두고 있다. 즉 흐름은 언어의 멜로디를 규정하는 기본음, 모음과 자음의 상위음, 음향들로 구성되어 있다는 것이다. 보코더에는 다양한 전자 부품들이 스피커를 통해서 합성 음성으로 들리는 인공 음향의 흐름을 생성하도록 조립되어 있다. 오늘날에는 현대 컴퓨터의 빠른 속도로 프로그램들이 실시간으로 소리를 재현하고 있다.

막스에게 목소리를 부여하는 프로그램은 MBROLA(엠브롤라)라는 프로그램이다. 이 프로그램은 벨기에의 한 신호처리연구실에서 개발되어 2,000개가 넘는 음의 연결(소위 Diphone)을 데이터뱅크에 저장하고 있다. 전자 음악을 위한 미디데이터들과 유사하게 이것은 디지털 음향기술로 구성되어 있고 사운드카드와 스피커가 있으면 들을 수 있다. 그러나 음성언어 텍스트를 프로그램이 이해하려면 먼저 음성 부호로 번역을 해야 한다. 우리의 막스의 경우 프로그램 Txt2Pho를 사용했다(Text to Pho, "텍스트를 음성으로"의 준말). 이것은 독일의 본(Bonn) 대학에서 개발되었다. 이 프로그램에는 50,000개 이상의 표제어가 담긴 발음 사전이 들어 있다. 이 프로그램은 독일어 텍스트를 음성부호로 번역하고 중립적 문장 강세의 피치 모양을 계산해낸다. 그 다음 소리 높이와 말하기 속도에 대한 제어명령을 입력한다. 이렇게 하여 우리 연구실에서는 필요에 따라 말을 강조할 수 있는 방법을 개발하게 되었다.

그래서 막스는 "우리는 곧 목적지에 도달할 것입니다"라는 문장을 상당히 풍부한 표현력을 가진 합성 음성으로 말할 수 있게 되었다. 이때 막스는 문장에서 자신이 원하는 위치를 강조할 수 있다. 비록 막스의 언어에서 아직 "영혼"(그가 말을 할 때 공기를 들이마시지 않는다는 것은 차이라면 큰 차이다)이 조금 덜 느껴지지만 그래도 그는 강세를 조절할 수 있고 몸짓과 일치시킬 수 있다. 그래서 막스가 말하고 몸짓을 취할 때 그와의 대화가 자연스럽게 느껴진다. 막스가 말을 할 때 얼굴을 어떻게 움직이고 그때 심지어 감정까지 표현할 수 있는지는 7장 「표정: 행동할 때의 표정」에서 다룰 것이다.

6

몸짓: 동물과 아기들의 몸짓

나는 냉장고 쪽으로 간다. 부엌 식탁에 앉아 있던 고양이는 꼬리를 잠시 들어올렸다가 내가 곁을 지나가자 팔을 부드럽게 톡톡 친다. "헤이, 나 옆에 있는 것 보이지? 냉장고에 내가 먹을 것도 있나 봐줘."—어찌되었건 간에 고양이의 몸짓을 나는 이렇게 해석한다. 치즈를 조금 떼어주었을 때 고양이가 보이는 반응이 이의 증거라 할 수 있다.

몸을 건드리는 것, 툭툭 치는 것은 접촉을 하자는 확실한 증거이다. 눈짓을 교환하거나 아니면 사람의 시선이 비록 그곳을 보지 않았더라도 분명히 그것은 나에게 뭔가 볼일이 있다는 것을 말해준다. 사실상 이는 몸짓의 가장 단순한 형태이고 동물과 사람 사이에서도 또한 그 반대인 사람과 동물 간에도 통하는 것이다. 즉 고양이를 툭툭 치면 고양이는 몸을 돌려 나를 볼 것이기 때문이다. 가끔 나는 바닥에 놓여 있는, 고양이가 미처 보지 못한 치즈 조각을 손으로 가리키지만 이것은 잘 통하지 않는다. 고양이는 내 손가락 끝만 보고 손가락에만 계속 시선을 고정시키고 있기 때문이다.

그럼에도 불구하고 나는 내 자리에서 움직이지 않고 고양이의 관심을 치즈에 돌릴 수 있다. 내가 진짜 치즈가 놓여 있는 쪽으로 상상의 치즈를 "던지는 시늉을 하면" 그렇게 된다. 고양이는 그러면 내가 던지는 방향을 예측해서 재빨리 달려가 대개 치즈를 발견하는 데 성공한다. 고양이는 앞발을 접시 위에 놓고 나를 보거나 아니면 심지어 앞발로 내 다리를 쳐서 자기가 배가 고프다는 것을 알게 할 수도 있다.

침팬지들도 팔을 들어 얹는다든지의 육체적 접촉을 몸짓으로서 하는데 이를 통해서 원숭이들은 다른 원숭이의 주의를 끌 수 있다. 라이프치히 소재 막스플랑크 진화인류학 연구소 소장이며 심리학자이자 영장류 행동 연구자 마이클 토마셀로(Michael Tomasello)는 그의 동료 연구자인 요제프 콜(Josep Call)과 함께 여러 해 동안 침팬지들이 사용하는 수십 가지의 다양한 몸짓을 관찰해왔다. 원숭이들은 팔을 들어 올리든지 아니면 손뼉을 친다든지, 느낄 수 있거나 혹은 들을 수 있는 몸짓들을 사용했다. 수신자들이 보았는가 안 보았는가와 무관하게 말이다. 반대로 그들은 손을 뻗어 조르는 것처럼 수신자가 그 표현을 볼 때에만 알아듣는, 오로지 눈으로 인지되는 시각적 제스처를 사용했다.

다른 마카크 원숭이들은 사람과 교제하면서 먹이를 얻기 위해 가리키는 몸짓 등을 배웠다. 이러한 몸짓들은 원숭이로서는 자연스러운 행동이 아닌데 사람과 교제하면서 성장한 원숭이들은 때로 가리키는 몸짓을 사용했다. 난쟁이 침팬지과에 속하는 보노보 원숭이는 원래 콩고의 열대림이 고향인데 한번은 사람 동반자에게 가리키는 동작을 사용해 원하는 방향을 알려주었다는 보고도 있다.

아기들 몸짓의 발달

원숭이들은 자연스러운 환경에 있을 때에는 비록 그들이 사람과 마찬가지로 손가락을 가지고 있더라도 무엇을 자발적으로 가리키지는 않는다. 인간만이 손가락 신호를 자연스럽게 발달시킨 유일한 종이다. 유아들은 9개월에서 12개월 사이에 손짓을 사용하는 법을 배운다. 9개월이나 10개월이 되면 아이는—침팬지가 먹이를 달라고 간청할 때처럼—원하는 대상 쪽으로 손가락을 모두 사용하여 손바닥을 내뻗는다. 10개월이나 11개월째에 들어서면 아기들은 손가락으로 가리키기 시작한다. 이때에 원하는 대상을 손을 뻗어 잡으려는 시도를 하면서 다른 사람으로 하여금 자신을 돌아보게 만드는 동작을 취한다.

아기들은 시선을 대상이나 사람, 어느 한쪽에만 고정하는 대신 대상과 관련된 사람 사이에서 이리저리 왔다갔다 움직이는 법을 배우기 시작한다. 그 다음 아기들의 행동은 몸짓을 사용하여 가까운 거리에 있는 대상들을 그리고 점차 더 멀리 있는 대상들을 가리키는 방식으로 변화한다. 그렇게 하여 자기가 도달할 수 있는 범위 너머에 있는 장난감을 가지고 싶을 때 아기들은 그것을 가리키고 그 다음에 위에서 묘사한 것처럼 이리저리 시선을 움직이기 시작한다. 이 몸짓이 자신이 원하는 성공을 가져오지 않는다면 아이는 이를 반복하거나 더 강화해서 하거나 자신의 목적을 달성하기 위해서 소리를 지르기도 한다. 목표물을 향한 아기들의 행동방식은 원하는 목표를 향해 점차 '관례화'되면서 발전하게 된다. 즉, 예를 들어 안아달라는 메시지를 전달하려면 아이는 처음에는 어른들의 두 다리를 꽉 붙잡고 거기에 매달려 기어올라가려는 몸짓을 취한다. 그러다가 점점 상대자가 아이가 원하는 것을 알아차리고 들어줌으로써 이러한 행동은 단지 두 손을 내뻗기만 하면 되는 것으로 대체된다.

이미 이 아기들에게 몸짓은 완전히 다른 두 가지 기능을 행한다. 한편으로는 자기가 도달할 수 있는 범위 너머의 장난감을 갖고 싶다거나 안아달라거나 등 자신들의 소망을 표현한다. 두 번째 기능은 바로 상대자의 주의를 어떤 대상으로 돌리는 것인데 이는 아기가 그 대상을 꼭 갖고 싶어하지 않을 때에도 일어난다. 예를 들어 동물원에서 아이가 기린을 가리킨다면 아이는 지금 흥미로운 이 광경을 같이 간 사람과 나누고 싶은 것이다.

이러한 가리키는 몸짓과 더불어 아이들에게는—비록 처음에는 단어를 분명하게 발음하는 것이 잘 되지 않을지라도—언어 상징(예를 들어 "저기", "와우 와우", "가질래")도 시작된다. 아기들은 9개월에서 14개월 사이 단어들이 분화되기 시작되고 손가락의 움직임이 섬세하게 개선된다. 그러나 단어의 말하기는 아직 몸짓으로 표현하기를 쫓아가는 단계이다. 아기가 16개월에서 18개월이 되면 그 사이에 발전된 어휘의 레퍼토리를 가지고 마침내 말-몸짓 조합이 동시적으로 일어나게 된다. 그러나 이러한 발전은 주변 사람들이 관심을 가지고 잘 지켜봐 주지 않으면 일어나지 않을 수도 있고 더디게 일어날 수도 있다. 나중에 두 살이 되면 아기의 가리키는 몸짓은 추상적인 대상에 대해서도 일어날 수 있다. 예를 들어 아이는 밤중에 창문 바깥을 내다보면서 "깜깜해"라고 말할 수 있는 것이다.

영장류의 사회 지능

라이프치히의 막스플랑크 연구소에서 성장심리학자 요제프 콜은 소장 토마셀로와 같이 사람과 원숭이 아기의 사회 학습에 대한 연구를 진행하고 있다. 이들 연구팀은 사람과 원숭이 아이들이 점차 복잡한 행동의 레퍼토리를 발전시키는 것을 관찰한다. 이 레퍼토리는 사회의 공동생활에서 바른 행동을 취하기 위한 바탕이 되고 더 나아가 그룹 참여자의 태도를 미리 내다보고 자신에게 유리하도록 영향을 미칠 수 있는 정도로까지 빌

전한다.

콜은 인간이 아닌 영장류들에게서는 우선 문제를 해결하는 지능에 관심을 가졌었다고 보고한다. 전형적인 문제를 준 상황에서, 예를 들어 원숭이들은 장애물 때문에 직접 접근하는 것이 어려울 때에도 자신의 목표에 도달하려 노력한다. 원하는 과일이 원숭이의 손이 닿는 영역 바깥에 있다면 원숭이는 다른 물건을 옮겨 놓고 그 위로 올라가거나 막대기를 사용해서 나무를 쳐서 과일이 떨어지게 만든다.

영장류의 지능은 식량획득의 필요성으로부터 진화가 이루어졌지만 그 밖의 요소들도 결정적인 역할을 했다. 오랜 시간의 학습을 거쳐 사회 공동체 속에서 사는 영장류들은—먹이든 아니면 공동체 구성원의 도움이든 간에—원하는 자원을 얻기 위한 경쟁이 발생하는 상황에 부딪친다. 콜은 영장류의 지능은 사회 공동생활에 숙달되기 위하여 지속적으로 발전해왔다고 주장한다. 상호 행동을 계속하면 어떤 그룹 구성원이 나중에 도움이 필요할 때 자기에게 우호적인지 혹은 적대적인지 태도를 잘 측정할 수 있게 된다.

살아 있는 생물이 아닌 사물과 맺는 상호 관계에서 성공은 물리적인 숙달도에 좌우된다. 예를 들어 자기 팔이 닿는 영역 바깥에 있는 과일을 얻을 수 있는 도구를 사용할 수 있는가 등이 그러하다. 이와 반대로 살아 있는 생물과의 관계에 있어서는 사회적 지능이 성공을 좌우한다. 이미 간지럼을 타거나 움직이게 만드는 것만으로도 다른 사람을 자기가 원하는 자리로 움직이도록 유인할 수 있다. 우리가 아기들이 두 팔을 드는 동작을 이해하고 높이 들어 올려주는 것처럼 사람이 아닌 영장류들도 그러한 신호를 이해한다. 물론 다른 생물과의 상호 관계에서는 물리적 행동으로도 원하는 목표에 도달할 수 있다. 그래서 원숭이는 다른 원숭이를 자기가 가는 길에서 내쫓을 수도 있고 원하는 목표에 도달하기 위해 다른 원숭이를 자신의 "엎드린 발판"으로 이용할 수도 있는 것이다.

스코틀랜드의 앤드류 대학교 영장류 연구자 후안 카를로스 고메스(Juan Carlos Gómez)는 아기 고릴라에게서 이러한 "도구의 사용"으로부터 사회적 커뮤니케이션 행동으로의 이행을 발견했다. 이 아기 고릴라는 처음에는 높은 위치에 있는 목표물에 기어올라가기 위해 사람이 마치 발판인 양 이리저리 밀쳐댔다. 그러다가 나중에는 사람을 파트너로 대하기 시작했고 사람에게 몸짓으로 자기에게 도움이 될 만한 위치로 이동해달라는 표현을 했다. 고메스는 이것을 원숭이의 행동 레퍼토리가 확대된 것으로 해석했다. 즉, 문제 해결의 지능이 사회적 지능으로 된 것이다.

인간을 포함한 모든 포유류 동물들은 사회에서 상대자의 태도에 영향을 주기 위하여 의도적으로 사용하는 상징 커뮤니케이션 레퍼토리를 가지고 있다. 침팬지와 카프치너 원숭이들을 관찰하면 경우에 따라서는 심지어 속이려는 행동도 하는데 숨겨놓은 먹이를 찾아갈 때 인간실험자가 자기와 경쟁관계에서 있다고 생각하면 그렇게 한다(그들은 사람에게 빈 컨테이너로

가도록 지시했다).

몸짓은 야생에 사는 원숭이들에게도 중요한 역할을 한다. 그러나 무엇이 사람에게 "그 이상"을 만들어줄까? 그것은 확실히 언어의 발전과 관련이 있는데 우리는 9장「단어들과 문장들」에서 이 문제를 좀 더 상세히 다룰 것이다. 그렇지만 이러한 것은 언어 이전의 영역에서, 즉 가리키는 몸짓과 더불어 이미 시작되는 것이다.

가리키는 몸짓이 차이를 만들었다!

"저기! 저기!" 작은 아기들이 소리를 치며 손가락으로 가리키면서 다른 사람들로 하여금 그들이 막 보고 있는 사물들에 주의를 기울이게 만든다. 그러나 원숭이들은 이러한 일을 하지 못한다. 오늘날 원숭이들은 인간과 여전히 유전적 요소를 99퍼센트 공유한다. 그렇다면 과연 현대 문화의 기초를 만든 인간의 언어 능력과 인지 능력을 발달시킨 차이는 어디에서 유래한 것일까?

영장류 연구가 마이클 토마셀로의 연구는 이러한 질문에서 시작했다. 저서『인간 사고의 문화적 발전』을 통해서 토마셀로는 대중에게 널리 알려졌다. 영장류와 어린아이를 대상으로 한 수많은 실험결과를 바탕으로 토마셀로는 왜 사람만이 언어 커뮤니케이션, 사회의 조직화, 그리고 엄청난 기술적 업적을 낳은 인지적 능력 형성을 이루어냈는가를 설명해냈다. 그의 견해에 따르면 가리키는 몸짓이 가장 근본적인 차이를 만든다는 것이다. 사실상 모든 원숭이들이 커뮤니케이션 몸짓의 레퍼토리를 풍부하게 가지고 있지만, 그러나 이것들은 모두 발신자가 수신자에게 원하는 물건에만 집중되어 있다. 그와 반대로 어린 아이들은 이미 언어를 습득하기도 전에 상대자를 뭔가에 주의를 기울이기 위한 목적으로 물건이나 사건을 가리키면서 커뮤니케이션을 한다(마치 동물원에서 기린을 가리키듯 말이다). 이러한 비교를 통해 인간 커뮤니케이션의 중요한 특징 요소는 경험을 교환하고 협력하는 것이라고 가정할 수 있다.

사람에게는 가리키는 몸짓과 더불어 언어와 밀접하게 연관된 몸짓 표현 형식이 발달했다. 이러한 몸짓을 통해 나중에는 사물의 형태와 그들의 공간 안에서의 위치, 복잡한 길 묘사, 그리고 추상적인 것과 비유적인 것을 손짓과 팔짓을 통해 "몸으로 표현하는 것"이 가능해진다. 14장에서 우리는 이러한 세밀한 몸짓과 언어가 연결되는 것을 좀 더 자세하게 살펴보게 될 것이다.

7

표정: 행동할 때의 표정

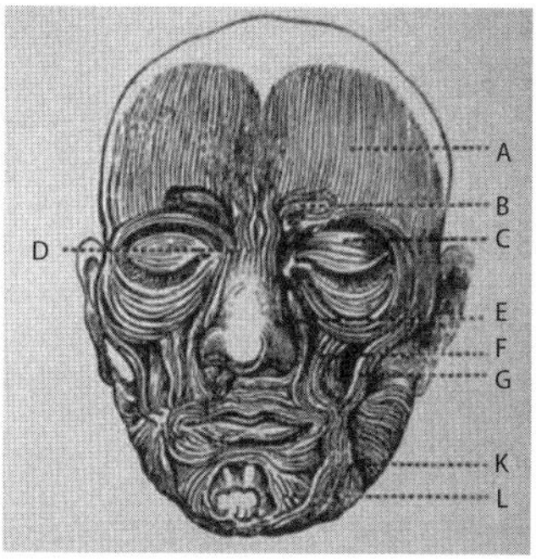

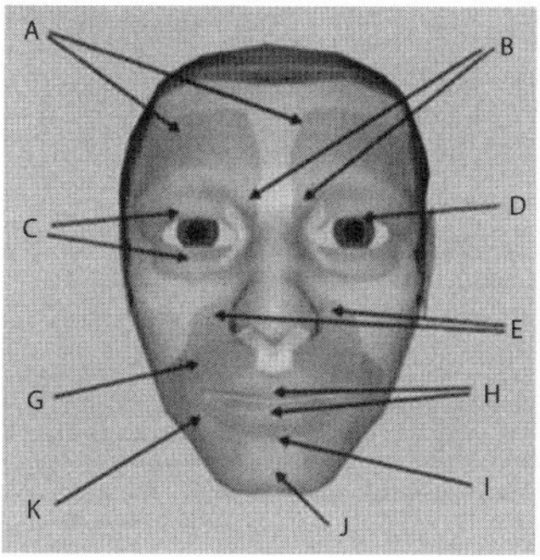

"큰 광대근을 잡아당기고 윗입술을 올려서 입 주위의 주름을 위와 뒤로 잡아당김으로써 볼이 위로 당겨졌다. 눈 아래는 주름이 생겼고 나이 든 사람들은 입꼬리에도 주름이 생기는데 이러한 것은 웃거나 미소 지을 때 상당히 전형적인 것이다. 누구나 자신의 감정을 주의 깊게 관찰하고 거울 속에서 자신을 관찰해보면 가벼운 미소가 깊은 미소로 혹은 웃음으로 넘어갈 때 윗입술이 위로 올라가고 아래의 원형근육이 모아지면서 눈썹 아래의 주름살과 눈 아래의 주름들이 눈에 띄게 깊어지고 커져가는 것을 느끼고 볼 수 있다.…"

위의 구절은 이 책의 3장에서 이미 살펴본 찰스 다윈의 『인간과 동물의 감정표현에 대하여』라는 책에서 따온 것인데 상당히 흥미롭다. 이것이 우리의 표정과 무슨 상관이 있을까? 그리고 우리의 가상 로봇 막스가 사람의 표정을 모방하여 얼굴을 움직여 다정하거나 심각하거나 화난 표정을 만들 수 있을까? 표정은 모든 개별 문화의 경계를 넘어 이해할 수 있는 보편적인 커뮤니케이션 시스템이고 표정으로 하는 표현은 모든 사람에게, 심지어 타고난 맹인에게도 태어날 때부터 "입력이 되어 있다". 그래서 자연적 표정 프로그램의 규칙을 잘 따르면 사람들이 막스의 얼굴표정도 이해할 수 있을 것이라고 기대한다.

사람의 얼굴근육 구조를 잠시 살펴보자. 40개가 넘는 근육들이 우리의 얼굴에 표정을 부여한다. 그중 가장 중요한 것은 막스에게서도 고려되어야 한다. 예를 들어 눈썹을 들어 올리는 이마근(A)과 어두운 시선에서는 사용되지 않는 눈썹주름근(B) 등이 있다. 미소를 지을 때에는 눈둘레근(C)과 광대근과 입꼬리올림근(G)이 중요한 역할을 한다. 그에 비해 입꼬리내림근(K)은 부정적인 감정을 표현할 때 주로 사용된다.

6열, 9열, 12열

얼굴근육의 움직임은 우리들 눈에 보이는 표정으로 귀결되는데 이것의 커뮤니케이션 기능은 우리가 3장에서 이미 얼마간 접할 수 있었다. 그런데 우리는 이러한 표정 행동을 어떻게 체계적으로 이해할 수 있고 더 나아가 가상 로봇 막스의 얼굴 표

〈표 7.1〉 7장 시작 그림의 얼굴근육들

A	이마근
B	눈썹주름근
C	눈둘레근
D	코삼각근/오른쪽: 눈꺼풀근
E	윗입술코방울올림근
F	입술올림근
G	광대근/입꼬리올림근
H	입둘레근
I	아랫입술내림근
J	아래턱
K	입꼬리내림근
L	턱끝근

정을 위해서 유용하게 만들 수 있을까?

이 문제에 도움이 될 수 있는 것은 바로 "얼굴움직임해독법(Facing Action Coding System: FACS)"이다. 이것은 심리학자인 폴 에크만과 월리스 프리젠(Wallace Friesen)이 사람의 표정을 분류하기 위해 수년간 공을 들여 개발한 시스템이다. 소위 행동단위〔Aktionseinheiten(Actionunit): AE〕는 가장 작은 개개의 인식 가능한 얼굴근육의 움직임을 파악하는 단위이다. 이때 행동의 강도는 "암시"로부터 "극단"까지 나뉘고 부호로 표시되며 하나 혹은 여럿의 행동 단위들이 얼굴 표정과 관계되는지도 기록된다.

〈표 7.2〉 FACS의 40개 행동단위(AE) 중 몇 개 예시들

1열(AE1)	안쪽 눈썹이 올라감(이마근 내부의 행동)
2열(AE2)	바깥쪽 눈썹이 올라감(이마근 측면의 행동)
4열(AE4)	눈썹주름이 잡힘(어두운 시선이나 근심주름)
6열(AE6)	눈둘레근("진실한" 미소, AE12가 자동적으로 동반됨)
9열(AE9)	윗입술과 코방울이 올라감(코를 찌푸림)
10열(AE10)	입술을 올림(대체로 구역질 날 때, 동공 아래의 근육)
12열(AE12)	광대근(미소 지을 때, AE6과 독립적으로도 일어남)
15열(AE15)	입꼬리 내림(기분이 나쁘거나 실망할 때)

행동단위를 가지고 표정을 만드는 근육들의 조합은 아주 세세하게 기록된다. 입의 미소는 행동단위 12(AE12)—12열—인데, "6열"의 행동, 즉 눈둘레근이 동반될 때에야 비로소 진짜처럼 보인다. 이에 반해 미소가 만들어질 때에는 12열 혼자서도 충분히 효력을 발휘할 수 있다. 6열은 혼자서는 절대 이렇게 할 수 없다. 한번 시험해보라! 눈둘레근을 모으는 시도는 필연적으로 12열의 행동, 즉 입 주위의 미소를 동반하게 된다. 이 말은 12열은 6열에 연동이 되어 있다는 것이다. 사람들은 자신의 근육을 모두 다른 근육과 독립적으로 움직일 수는 없다.

조롱이나 경멸의 뜻으로 코를 찡그리는 것—윗입술과 코방울을 들어 올리는 것—은 9열이라고 기록된다. 이것은 원래는 생물학적으로 볼 때 나쁜 냄새가 날 때 공기의 흐름이 후각상피세포로 넘어가지 못하게 만들려는 데서 기인한 것이다. 이것

은 동의하지 않는다는 뜻으로 불편한 상황과 거리를 둘 때 도움이 된다. 우리가 9열이 수행되는 것을 보면 우리의 상대편은 "편치 않다"는 뜻이다. 그 바로 옆의 10열의 행동—구역질이 날 때처럼 두 입술을 들어올리면—이 덧붙여 이루어지면, 이는 분명히 경고의 사인이 된다.

아주 세밀한 부분에서 6열, 9열, 12열과 많은 다른 행동단위들은 우리 얼굴표정의 상징기제들을 표현한다. 기쁨, 슬픔, 역겨움, 놀람, 화남, 불안, 얼굴의 아주 세세한 움직임까지 이 행동단위들로 표현해낼 수 있다. 이때 다양한 행동에 한 근육이 참여할 수도 있다. 그리고 여러 행동단위들이 얼굴표정에서 섞일 수 있는데 마치 어두운 미소나 기쁜 놀람에서 그러하다.

막스의 애니메이션 얼굴

얼굴 애니메이션 기술은 점점 더 중요해지고 있다. 장거리 회의에서 커뮤니케이션 상대로 나오는 컴퓨터그래픽으로 생성된 가상의 대표자, 즉 아바타, 혹은 인터넷이나 교육 소프트웨어에 등장하는 인간화된 도우미가 가장 널리 알려져 있는 예들이다. 이것은 말하기와 동시적으로 진행되는 몸짓, 표정, 심지어 얼굴의 움직임을 통해 언어를 지원하는 컴퓨터 애니메이션 인물들에게까지 이른다. 인조 얼굴을 자연스럽고 믿을 수 있게 애니메이션으로 만드는 것은 최근 많은 사람들이 도전하는 과제이다.

독자 여러분이 거울 앞에 서서 미소를 짓는다면 볼 피부 빛에 놓인 근육들이 위로 그리고 약간 옆으로 움직이는 것을 볼 수 있다. 인조 얼굴의 애니메이션을 위해서 이러한 행동들을 모방하게 된다. 컴퓨터 애니메이션에서 얼굴의 표면은 마치 아주 촘촘한 머리망처럼 사방그물로 뒤덮인다. 얼굴의 삼차원 형태가 재현되는 이 그물 위에 사진 텍스처가 투사되는데 이것은 늘어나는 그림벽지처럼 얼굴 표면에 맞추어진다. 그러면 얼굴 표면, 즉 피부가 어떻게 모양을 잡는가에 따라 표정이 만들어진다. 이를 위해서 모든 얼굴근육은 영향을 미치는 부위가 사방그물에 표시되는데 마치 근육운동에서와 마찬가지이다.

이미 언급한 코딩시스템에서 막스가 보여주게 될 모든 얼굴의 표정은 컴퓨터 애니메이션을 위한 행동단위로 옮겨질 수 있다. 이를 위해서는 가장 중요한 20개의 얼굴근육들을 잘 관찰해야 한다. 이 근육들이 입술을 올리는 표정 운동, 안륜근육의 운동, 혹은 눈썹의 움직임이나 말을 할 때의 아래턱의 표정 운동을 만들어낸다. 막스가 얼굴표정들을 실제 행동으로 옮길 때에는 얼굴피부의 여러 근육들이 여러 위치에서 동시에 움직이기 때문에 "탈선"이 생기지 않도록 모델을 만들 때 세심한 주의를 기울여야 한다.

감정의 언어 표정과 표현

말할 때의 입의 움직임 역시 얼굴근육의 조화에서 생겨난다. 그래서 막스의 얼굴은 가상의 얼굴근육을 움직이게 만들어 말하는 것에 걸맞게 움직여야 한다. 막스가 예를 들어 "볼"이라고 말을 하면 입술은 "ㅂ"에서처럼 닫혀 있어야 한다. 5장에서 살펴보았듯이 막스가 합성 음성으로 말하는 모든 것은 음절들의 연속으로 이루어져 있는데 컴퓨터는 음소의 리스트를 음성으로 변화시킨다. 막스가 말하는 독일어는 39개 음소를 기초로 하며, 이는 11개의 얼굴위치에서 모방이 된다. 그런데 어떻게 11개의 얼굴 위치에서 39개의 음소를 다 표현할 수 있을까?

언어 애니메이션을 위해서는 소위 시소(Viseme: 시각음소)가 결정적인 역할을 한다. 시소는 바로 음소를 발음할 때의 입과 입술의 위치를 말한다. "마마", "파파", 혹은 "볼"이라고 말을 할 때 모든 단어의 시작에서 입술은 다 같이 닫혀 있다. 이 말은 "M"이나 "P", "B"를 위해서 하나의 시소면 충분하다는 이야기이다. 만약 막스가 말하는 문장이 음소의 명단으로 전환되면 동시에 이에 대응하는 시소를 배정한다. 그러면 막스는 말하는 것과 동시에 입을 움직일 수 있게 된다.

막스가 만드는 얼굴들은 언어 표정에만 한정이 되는 것이 아니라 눈썹동작, 머리 움직임도 자연스럽다는 인상을 주는 데 기여한다. 막스는 표정으로 감정들을 표현할 수 있고 그렇게 사람들에게 이해하기 쉬운 반응을 보여준다. 예를 들어 막스는 어떤 문제를 이해하지 못했거나 대답에 대해 곰곰이 생각할 때면 잘 모르겠다는 듯이 혹은 생각하는 듯이 보일 것이다. 또한 막스는 말한 것을 표정을 통해서 강조할 수 있는데, 예를 들어 그는 도움을 주면서 친절한 표정을 지을 수 있는 것이다.

8

리듬: 커뮤니케이션의 리듬

> 나는 북해의 한 섬의 요양소에서 햇볕 따뜻한 양지에 앉아 오케스트라를 듣고 있다. 바르샤바 심포니는 왈츠를 연주하고 있다. 나는 나의 몸, 두 다리와 손가락들이 이 리듬을 어떻게 받아들이는지를 느끼고 있다. 내 앞에 앉은 중년의 남자는 앉아서 혼자서 지휘를 하는 것처럼 보인다. 음악의 "물결"에 맞추어서 말이다.…

리듬은 우리 삶에 동반되어 있다. 우리는 밤과 낮의 변화와 바다의 파도의 리듬을 체험한다. 길을 가거나 뛰어갈 때 우리는—그것에 대해 일부러 생각하지 않고서도—두 팔과 두 다리의 긴장과 이완을 조절할 수 있다. 음악의 리듬에 몸을 맞추는 것은 우리에게는 어렵지 않은 일이고 여기에서 벗어나기가 쉽지 않으며 리듬은 팔과 다리에 녹아든다. 그리고 거의 느끼지 못하더라도 리듬은 커뮤니케이션과 언어, 말하기, 몸짓의 일부분들이다. 사람들은 프랑스의 작가 귀스타브 플로베르(Gustave Flaubert)가 리듬에 따라 어휘를 선택했다고 말한다. 그는 "음악"이 제대로 맞지 않으면 단어들은 작가가 원하는 인상을 전달할 수 없다고 말했다는 것이다.

인간의 커뮤니케이션 행동은 실제로 명백하게 리듬을 타고 있다는 학술 연구들도 이미 나온 바 있다. 리듬의 예는 말할 때 모음과 단어들이 시간이 지나면서 무리를 짓는 방식에서도 볼 수 있다. 혹은 말할 때 몸짓이 어떻게 동반되는가를 보면 알 수 있다. 다른 요소들과 비교하여 개별요소를 강조하거나 혹은 "강세"를 줄 때도 그러하다. 표본들의 강세들은 음악의 박자처럼 규칙적으로 반복되지만 템포와는 무관하다. 같은 박자도 느리거나 빠를 수 있기 때문이다. "나의 라이프치히를 칭송하노라! 그곳은 작은 파리라 할 수 있고 사람들을 만들도다(Mein Leipzig lob' ich mir! Es ist ein klein Paris und bildet seine Leute)"라고 괴테(Johann Wolfgang von Goethe)가 희곡 『파우스트(Faust)』에 썼을 때 우리는 글로 쓴 텍스트에서도 마치 귀로 듣는 듯한 단어의 리듬을 느낀다.

언어의 리듬

다음의 문장들을 보통 때처럼 작게 웅얼거리지 말고 한번 크게 소리를 내서 읽어 보자(바트 제게베르크에는 인터시티가 다니지 않는다는 사실에는 신경을 쓰지 말고).

> "Der Zug nach Köln. Die Züge nach Berlin. Die Eisenbahn nach Amsterdam. Der InterCity nach Bad Segeberg."
> (기차는 쾰른행입니다. 기차들은 베를린행입니다. 철도는 암스테르담행입니다. 인터시티는 바트 제게베르크행입니다)

어쩌면 당신은 우리가 네 문장을 읽는 데 모두 다 비슷한 시간이 걸렸다는 것을 알아차렸을 것이다. 마지막 문장도 실제로 첫 번째 문장보다 더 오래 걸리지 않았다. 비록 모음이 두 배나 더 많다 해도 말이다. 이 문장을 다시 한 번 말할 때 주의를 기울여 모음의 강세들을 잘 듣는다면 강세를 받는 모음과 강세를 받지 않는 모음을 구분할 수 있다. 좀 더 분명하게 보여주기 위해서 여기에서 강세를 받는 말들은 대문자로 써보기로 하자.

> "Der ZUG nach KÖLN. Die ZUge nach BerLIN. Die EIsenbahn nach AMSterdam. Der InterCIty nach Bad SEgeberg."

사람들이 이 문장들을 한번 박자를 맞추어 두드려본다면 박자는 강세를 받는 모음들에 가서 놓일 것이다. 다음 박자를 시작한다는 것은 그 사이에 놓인 모음들을 그 사이에 다 말했다는 것이다. 이것이 무슨 의미를 가지고 있을까?

경향상 모음의 실제 수와는 무관하고 비교적 일정한 길이를 가지고 있는 소위 '강세그룹'이라는 것들이 있다. 그래서 강조한 단어들이나 강조한 모음들 사이의 시간은 같은 문장에서는 대충 같을 것이라고 기대할 수 있다. 같은 화자가 같은 조건에서 말을 한다는 가정하에 말이다. 시간의 길이와 비강세를 적절히 사용하여 강조하는 것, 어떤 모음을 짧게 발음하거나 삼킴으로써 만들어지는 언어의 리듬은 독일어나 영어 혹은 덴마크어 같은 게르만 언어에서 특별히 두드러지는 현상이다. 이탈리아어 같은 로만어에서는 이러한 효과가 그다지 눈에 띄지 않지만 언어의 리듬은 느낄 수 있다(예를 들어 "스페리아모 디 리토르나레 운 기 오르노"같이 말이다). 사실 이러한 리듬은 모든 언어에 다 있다.

스톡홀름 공대에서는 음성학자 군나르 판트(Gunnar Fant)와 아니타 크룩켄베르크(Anita Kruckenberg)가 언어 리듬이라는 현상에 대한 기초연구를 하였다. 두 연구자들은 낭독 텍스트를 체계적으로 연구한 결과 "사이강세 간격"(이는 한 문장 안에서 강조 모음 사이의 시간 간격을 뜻함)이 평균적으로 0.5초 정도라고 밝혀냈다. 더 나아가 이 간격의 길이는 다음 나타나는 휴지부의 길이를 예견해준다고 한다. 즉 이 길이는 문장의 마지막 여덟 강세 간격의 평균에 따라 정해진다는 특징이 있다는 것이다.

라디오에서 인터뷰를 들을 때 뭔가 편집되어 잘렸다는 생각이 든 적이 있는가? 그것은 편집할 때 자의적인 길이로 잘라내어 생긴 적절하지 않은 휴지부 길이 때문에 그런 것이다. 자연 언어에서는 음악에서와 같이 "박자를 맞춘" 시간 간격이 존재한다. 대화를 할 때 상대편이 무의식중에 기대한 시간을 넘어서는 휴지부를 가지면 우리는 종종 이때를 대화의 주도권을 잡는 기회로 이용한다.

또한 위의 스웨덴 학자들은 말할 때의 리듬이 말하는 모든 모음의 시간적 길이에 영향을 미친다는 것을 밝혀냈다. 이를 밝혀내기 위해서 강조된 모음과 강조되지 않은 모음, 음소의 길이를 측정하였고 낭독된 텍스트에서 상당히 정확하게 1/4, 1/8, 1/16초라는 평균치를 찾아냈다. 연구자들에 따르면 0.5초라는 강세 간격의 기본리듬은 계속 나누어지는데, 다시 말해 1/2배, 1/4배, 1/8배로 나뉜다. 그렇지만 실제로 리듬 표본의 템포와 엄격함은 각 화자마다 다르고 같은 화자라도 읽는 문장에 따라 다르다. 그래서 화자의 리듬이 음악의 박자와 완전히 상응한다고는 볼 수는 없다.

우리의 예문을 가지고 끝으로 관찰을 하나 더 같이 해보자. 두 문장 모두 강세를 받는 모음은 두 개이고 나머지 모음의 수는 다르지만 "Der InterCIty nach Bad SEgeberg(데어 인터시티 나흐 바트 제게베르크)"는 "Der ZUG nach KÖLN(데어 추크 나흐 쾰른)"보다 조금 천천히 말한다. 긴 문장에서 모음압축이 더 강하게 일어나지만 0.5초라는 기본박자가 완전히 지켜지지는 않는 것이다. 말하는 것이 근본적으로 리듬을 띠는 것은 명백하며 이는 청자의 기대에 중요한 역할을 한다.

몸짓의 리듬

우리는 말할 때 동반되는 몸짓에서도 리듬 표본을 찾아낼 수 있다. 길을 걸어갈 때 두 팔, 두 다리의 움직임을 조정하는 리듬이 있는 것처럼 우리는 말을 할 때에도 신체의 많은 부분들(두 팔, 손가락, 머리 등)을 말하는 언어의 리듬에 동시에 그리고 정확히 맞추어 움직인다. 말하는 사람의 다양한 움직이는 과정들은 동시화되어 있다. 이러한 현상을 보스톤 대학의 심리학자 윌리엄 콘돈(William Condon)은 "자기동시화(Self-synchronization)"라고 명명한 바 있다. 열중해서 말을 할 때에는 눈꺼풀의 움직임도 이 리듬 표본을 따를 정도이다.

한번 실험을 해보자. 텔레비전을 볼 때 소리를 죽여 놓고 말하는 사람을 관찰해보라(몸의 움직임에 집중하기 위해서이다). 그러면 당신은 자기동시화 현상을 쉽게 찾아낼 수 있을 것이다. 우선은 말하는 사람이 말을 할 때 박자를 맞춘다. 이때 말하는 사람이 팔을 약간 든 채로 계속 말을 할 수도 있고 눈썹은 이러한 박자를 보여줄 수도 있다. 이러한 "몸짓 박자"는 운동이 될 수도 있는데, 말하는 동안 한 손 혹은 두 손 혹은 두 팔로 맞추어질 수도 있고 때로 위로 아래로 앞으로 뒤로 일어나고 혹은 강하거나 약하게도 일어날 수 있다. 이 장 시작의 순간 포착그림에서 그러한 모습을 볼 수 있다(이 장의 시작에 나오는 사진은 MIT 대학 마빈 민스키 교수의 인터뷰 때 모습이다).

연구자들은 이러한 박자가 화자 리듬을 청자가 볼 수 있게 만들어주고 근본적으로는 강세를 받는 모음과 일치한다는 가정을 하고 있다. 그렇지만 심층 연구들은 리듬이 이보다 복잡하게 조직되어 있음을 보여준다. 미국의 언어학자 이블린 맥클레이브(Evelyn MaClave)는 이를 위해서 영화를 녹화해 말하는 사람들을 장면장면 분석했다. 이러한 음성영상 미세분석은 윌리엄 콘돈이 자기동시화를 연구할 때 처음 사용했다. 맥클레이브는 이 연구에서 몸짓의 박자 자체도 리듬 표본으로 구성되어 있다는 것을 밝혀냈다. 그러나 이 몸짓 박자는 음절의 강세들과 반드시 일치하지는 않으며 특수한 경우에는 말하는 것과 뒤섞이고 대략 말하는 리듬을 앞서간다.

모두 같이 하는 리듬

사람의 말 혹은 이에 동반되는 몸짓의 표현이 "커뮤니케이션 리듬"이라는 복잡한 조화 속에서 조직되어 있다는 것은 명확한 사실이다. 기존의 연구결과들은 이보다 훨씬 더 많은 것을 보여준다. 화자의 개인적 말하기 리듬은 청자에게도 옮겨가는 듯 보인다. 화자의 커뮤니케이션 리듬은 청자의 신체적 반응에서도 나타난다고 관찰되었다. 윌리엄 콘돈은 이러한 현상을 "상호동시성(interactional synchronization)"이라고 불렀다. 다시 그의 영화-미세분석을 살펴보면 청자는 몇 분의 일 초의 시간 내에 화자의 리듬에 자신의 몸을 맞추고 눈에 띄지 않는 몸의 움식임에 받아들인나. 맥글레이브 또한 화자의 박자에 칭자가 가벼운 몸의 움직임으로 답을 준다고 관찰하고 있다. 우리는 소위 말하듯 "함께 가는 것이다". 이는 왈츠를 들을 때와 비슷하다. 우리는 아마도 리듬을 맞추는 능력은 타고난 것 같다. 갓난아기들도—태어난 지 이미 20분 만에—리듬을 맞추어 두드리면 저절로 반사반응을 보임이 밝혀졌기 때문이다.

가수 셰어(미국의 가수이자 영화배우 Cher. 본명은 Cherilyn Sakisian LaPiere: 역자주)의 〈그리고 비트는 계속될 거야(And the beat goes on…)〉라는 인기곡을 기억하는가? 이 제목은 아마도 직접 체험해보는 것이 가장 좋은, 리듬이라는 현상에 대해 아주 정확한 말을 해주고 있다. 즉 자신이 좋아하는 곡 중 한 곡, 되도록 리드미컬한 것으로 골라 틀어놓고 있으면 몇 박자 지나지 않아서 몸이 이 리듬에 맞추고 있다는 것을 느낄 수 있을 것이다. 어쩌면 박자를 따라 두드리고 있을 수도 있고. 그러다 음악을 갑자기 꺼보라. 뭔가를 느끼는가? 같이 느끼던 〈그리고 비트는 계속될 거야〉의 리듬은 아직 몸에 몇 박자 더 남아 있다가 잠잠해질 것이다. 과연 무엇 때문에 그럴까?

청각적 "물결"이 수신자에게, 즉 청자 쪽으로 넘어온 것이다. 당신은 이미 주어진 리듬 표본 안에 들어가 다음 비트(박동)를 기대하고 있다. 그것은 음악에서만 그런 것이 아니라 청자가 듣고 있는 화자의 말에서도 그렇다. 음성학자 제임스 마틴(James Martin)은 이러한 현상을 "리듬 기대(rhythmic expectancy)"라고 불렀다. 그의 추측에 따르면 이것은 청자가 들은 말을 나누는데, 즉 메시지를 각 단위로 나누는 데 도움을 준다.

커뮤니케이션 리듬은 화자와 청자 사이에서 커뮤니케이션을 동시화시키는 어떤 "맥박"을 만드는 것 같다. 누가 말을 할 때 더듬거리면 청자는 잠시 동안이지만 어쨌든 리듬이 사라졌다고 느끼고 새로 다시 거기에 맞추어야 한다고 생각한다. 즉, 청자는 시간적 표본을 예상하면서 모든 사람이 다 같이 하는 커뮤니케이션 리듬에 따라 자기가 들은 신호들을 나누고 대화하는 가운데 말하는 사람을 교대할 수 있게 된다. 리듬은 사람들이 대화를 할 때 모두가 동시에 말하는 것이 아니라 리듬을 타면서 자기 차례를 찾아 말을 이어가게 해준다.

9

단어들과 문장들

bulgar. Münze
Lex: s. legal
lexigraphisch (gr.) Ew.: die Wortschreibung betreffend * **lexikalisch** Ew.: zum Wörterbuch gehörig : wörterbuchartig * **Lexikograph,** der; –en, –en: Verfasser eines Wörterbuches * **Lexikographie,** die; –: Wörterbuchverfassung * **lexikographisch** Ew.: wörterbuchartig * **Lexikologie,** die; –: Lehre vom Wortschatz * **Lexikon,** das; –s, ..ka: Wörterbuch [gr. lexis Rede, Wort]
Lezithin (gr.) das; –s: phosphor-

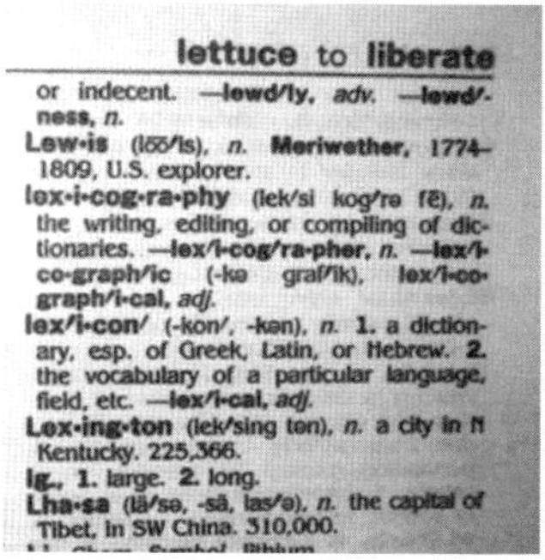
lettuce to **liberate**

or indecent. **—lewd/ly,** *adv.* **—lewd/ness,** *n.*
Lew·is (lōō/is), *n.* **Meriwether,** 1774–1809, U.S. explorer.
lex·i·cog·ra·phy (lek/si kog/rə fē), *n.* the writing, editing, or compiling of dictionaries. **—lex/i·cog/ra·pher,** *n.* **—lex/i·co·graph/ic** (-kə graf/ik), **lex/i·co·graph/i·cal,** *adj.*
lex/i·con/ (-kon/, -kən), *n.* **1.** a dictionary, esp. of Greek, Latin, or Hebrew. **2.** the vocabulary of a particular language, field, etc. **—lex/i·cal,** *adj.*
Lex·ing·ton (lek/sing tən), *n.* a city in Kentucky. 225,366.
lg., **1.** large. **2.** long.
Lha·sa (lä/sə, -sä, las/ə), *n.* the capital of Tibet, in SW China. 310,000.

"직선이라는 개념조차도 그와 더불어 의미를 상실한다. 우리는 그렇게 때문에 면에 대해서도 상대적으로 좌표 x, y, z를 특수상대성이론에서 이용한 방식에 따라 적확하게 정의를 내릴 수 없다. 그러나 사건의 좌표들과 시간들이 정확히 정의되지 않는 한 이 좌표시간들이 나타나는 자연법칙도 정확한 의미를 갖고 있지 않다."

인간의 언어는 만 년 혹은 십만 년 어쩌면 수백만 년 동안 발전해온 것이나. 이 언어 덕에 우리에게 오늘날 커뮤니케이션 싱대자가 눈앞에 존재하는가에 상관없이 "성경"의 시대까지 거꾸로 거슬러 올라가거나 혹은 거꾸로 아주 먼 미래에까지 적용되게 내용을 전달할 수 있다. 언어와 개념들은 학문의 바탕이기도 하다. 예컨대 이들의 도움으로 물리학의 법칙이 표현되고 전달되는 것이다. 위에서 언급한 알버트 아인슈타인(Albert Einstein)의 저서 『특수 상대성이론과 일반 상대성이론에 대하여(Über die spezielle und die allgemeine Relativitätstheorie)』(1917)와 같이 말이다. 아인슈타인 이론은 20세기의 물리적 세계상을 근본적으로 바꾸어 놓았다.

우리는 세계를 언어로 기술한 어휘들을 사전이나 백과사전에 남겨놓았다. 대부분의 언어에서 이 사전들은 인쇄된 형태로 존재한다. 특정 언어의 사전이라는 것은 이 언어에 있는 모든 단어들, 즉 어휘들이다. 그러나 사전은 인쇄된 형태로만 존재하는 것이 아니고 사람들은 자신의 어휘를 두뇌 속에 가지고 다닌다. 사람들은 이러한 개인적인 어휘를 "마음 사전(mentales Lexikon)"이라고 부른다. 그것은 우리 뇌의 언어 영역인 대뇌 피질에 저장되고 두뇌가 손상을 입었을 때에는 부분적으로 혹은 전체가 다 상실될 수도 있다. 사람들은 "능동적(액티브) 어휘"와 "수동적(패시브) 어휘"라는 용어도 사용하는데 이 둘은 스스로 이 언어를 사용할 수 있는가 혹은 다른 사람이 사용할 때 이해만 하는가에 따라 구분한다. 여기에서 사람들은 개인의 마음 사전이 다른 사람의 것과 상당히 다르다는 것을 알 수 있다. 더러 우리는 어떤 문장 전체를 이해하기 위해서 특정 단어의 의미에 대해 먼저 합의를 보아야 한다.

모든 언어에는 누구나 자신의 필요에 따라 사전을 만들 수 있는 여지가 아주 많다. 물론 동시에 아무나 특정 의미를 가진 단어들을 계속 임의로 만들어낼 수는 없다. 다른 사람과 유사한 방식으로 단어들을 사용하지 않으면 사람들은 서로 이해할 수 없기 때문이다. 언어 커뮤니케이션이 성공하려면 한편으로는 단어들이 커뮤니케이션 참여자 각각의 마음 사전에 모두 들어 있어야 하고 다른 한편 그와 결부된 의미들이 대체로 서로 일치해야 한다.

우리가 외국을 여행할 때 그 나라의 언어를 이해하지 못한다면 우리는 자연스럽게 우리가 원하는 것을 전달하기 위해서 "손짓과 발짓"을 하게 될 것이다. 그러나 단어들과 문장들이 얼마나 중요한지를 우리는 언어를 사용해야만 하는 전화대화에서 알게 된다. 혹은 우리가 글로 쓴 광고(예를 들어 "싱싱한 새우")나 혹은 어떤 볼거리의 역사적 배경에 대해 알고 싶을 때 그러하다.

두 문화가 상이하면 할수록 언어를 번역하기가 더 어렵다. 한편으로는 의미에서 완전히 일치하는 대응어가 존재하지 않는다. 그래서 영어에서 "눈"이라는 단어는 눈썹과 속눈썹을 포함한 전체 눈 영역에 해당되고 동시에 안구에도 적용되지만 일본어에서는 첫 번째 영역에만, 몽고어에서는 두 번째 영역인 안구에만 적용이 된다. 다른 한편 그 단어가 의미하는 내용이 모든 문화에서 다 중요한 것은 아니기 때문에 특징한 단어들이 아예 없을 수도 있다. 예를 들어 에스키모에게는 "야자수"라는 단어가 없고 줄루족에게는 "눈"이란 단어가 없다.

1950년대에 미국의 언어학자 모리스 스와데쉬(Moris Schwadesh)는 한 언어에서 유래하여 역사적으로 발전해온 언어들을 비교하기 위한 개념 목록을 작성했다. 그는 이러한 언어들 모두가 비교하는 의미를 가진 단어들을 가지고 있는가를 조사했다. 스와데쉬는 30억 사용인구를 가지고 있어 이제까지 가장 큰 언어집단을 이루고 있는 인도유럽어에서 200개의 개념을 발견했는데 이들은 모든 언어에 이 개념들에 대한 독자적인 단어들로서 다른 언어에서 차용하지 않은 것이었다. 인도유럽어 밖에서도 이러한 비교를 하기 위해서 그는 이 목록을 100단어로 줄였다. 이들은 〈표 9.1〉에서 보듯이 독일어를 대상으로도 이루어졌고(〈표 9.1〉은 독자의 이해를 돕기 위해 영어로 번역: 역자 주) "야자수"나 "눈" 같은 단어는 없다. 여기 목록에 오른 단어들은 대부분의 문화에서 일상어이고 아주 어린 나이에 배우는 것들이다.

성인의 모국어 (수동) 어휘는 수천 개 정도이고 독일어 어휘 전체는 수십만 단어에 이른다고 추측된다. 우리가 성공적으로 상대방과 언어로 커뮤니케이션하기 위해서는 우리의 마음 사전에 저장된 단어들을 먼저 알고 있어야 한다. 예를 들어 "호박"이나 "토피남부어(남미의 풀이름)", "카람볼라(괭이밥나무)"들의 단어가 마음 사전에 없다면 나는 이 단어를 듣거나 읽기만 해도 이미 움찔할 것이다. 비록 내가 이 단어들을 안다고 하더라

〈표 9.1〉 스와데쉬 목록(Miller 1981에서 재인용)

1. I 나	26. root 뿌리	51. breast 가슴	76. rain 비
2. you 너	27. bark 껍질	52. heart 마음	77. stone 바위
3. we 우리	28. skin 피부	53. liver 간	78. sand 모래
4. this 이것	29. meat 고기	54. drink 마시다	79. earth 땅, 지구(地球)
5. that 저것	30. egg 알	55. eat 먹다	80. cloud 구름
6. who 누구	31. bone 뼈	56. bite 깨물다	81. smoke 피우다
7. what 무엇	32. fat 지방	57. see 보다	82. fire 불
8. not ~아니다	33. egg 계란	58. hear 듣다	83. ash 재
9. all 모든	34. horn 뿔	59. know 알다	84. burn 태우다
10. many 많은	35. tail 꼬리	60. sleep 자다	85. road 길
11. one 하나	36. leather 가죽	61. die 죽다	86. mountain 산
12. two 둘	37. hair 머리카락	62. kill 죽이다	87. red 빨강
13. big 크다	38. head 머리	63. swim 헤엄치다	88. green 녹색
14. long 길다	39. ear 귀	64. fly 날다	89. yellow 노랑
15. small 작다	40. eye 눈	65. walk 걷다	90. white 하얗
16. woman 여자	41. nose 코	66. come 오다	91. black 검정
17. man 남자	42. mouth 입	67. lie 눕다	92. night 밤
18. Man 사람	43. tooth 이	68. sit 앉다	93. hot 뜨거운
19. fish 물고기	44. tongue 혀	69. stand 서다	94. cold 차가운
20. bird 새	45. fingernail 손톱	70. give 주다	95. full 가득 찬
21. dog 개	46. foot 발	71. say 말하다	96. new 새로운
22. louse 이	47. leg 다리	72. sun 해	97. good 좋은
23. tree 나무	48. hand 손	73. moon 달	98. round 둥근
24. seed 씨	49. belly 배	74. star 별	99. dry 건조한
25. leaf 잎	50. neck 목	75. water 물	100. name 이름

도 예컨대 쇼핑 목록에 카람볼라가 들어 있을 때 가게에서 무엇을 사와야 할지를 내가 안다는 뜻은 아니다. 나는 이 단어가 무엇과 상관이 있는지를 알고 있어야 하고 이 단어가 우리 세계에서 어떤 물건을 가리키는지를 알고 있어야 한다. 왜냐하면 사람들은 단어 자체에서는 그것을 볼 수가 없기 때문이다.

우리가 사물에게 부여하는 이름들과 더불어 우리가 언어를 통해 세계와 맺는 가능한 한 광범위한 관련이 시작된다. "호박"이나 "카람볼라"와 같은 단어들에서 "야채", "과일"로 가고 "식료품"을 거쳐 "농사"와 "수확"으로 넘어간다. 우리가 상대성이론, 유전공학, 혹은 환경보호에 대하여 이야기할 수 있기 위해서는 이에 앞서 서로 연관되어 구조화된, 점차 추상화되는 단어들의 엄청난 건축물이 만들어져 있어야 한다. 이들이 바로 학문, 문화, 기술의 지주인 것이다. 단어와 문장들과 더불어 구체적인 사물들과 시간과 공간에 대한 추상적 사고(예를 들어 상대성이론의 좌표시간)도 같이 연관이 될 수 있고 전달이 될 수도 있다.

언어는 우리의 커뮤니케이션 능력의 아주 핵심적인 자산이다. 사람들이 통사론(문장구조)과 문법을 갖춘 발달된 언어를 갖고 있다는 점에서 다른 모든 동물들과 구분이 된다. 무엇이 이러한 차이를 낳고 어떻게 이런 결과가 나올 수 있었는지에 대해서는 다음에서 좀 더 자세히 알아보자.

음성, 단어, 문장

나는 우리 집 고양이와의 "대화"를 즐긴다. 내가 예를 들어 "맛있는 젤로 디저트 먹을래?"라고 물으면 발음도 제대로 못할 정도로 다급하게 "야옹! 야옹!" 하고 대답하면서 달려오는데 내가 젤로 대신 보통 사료를 주면 불만스러워 특유의 그릉그릉 소리를 낸다. 이러한 방식의 대화를, 즉 나는 말로 하고 고양이는 다양한 레퍼토리의 소리로 답하는 것을 통해 우리는 아주 세심하게 이어나갈 수 있고 고양이는 나와의 대화 속에서 소리를 잘 사용한다. 특히 내가 마지막에 목소리를 의문문으로 올렸을 때 그러하다. 그러나 그때 나는 소리 메시지만을 전달했을 뿐이고 우리의 커뮤니케이션 놀이는 알고 있는 사료를 줄 때 매일 일어나는 일상의 흐름에서만 의미가 있다. 그에 비해 겨울에 시차 때문에 한 시간 늦게 먹이를 준다는 메시지의 전달은 동물들이 지금 먹이를 원한다는 것을 아주 분명하게 보여주기 때문에 전달하기 쉽지 않다.

인간의 언어 능력은 우선 원숭이와 비교해볼 수 있다. 원숭이들의 소리는 인간의 말과 공통점이 있는데 바로 똑같이 음성기관에서 만들어진다는 것이다. 사실 원숭이들은 사람처럼 분절화된 단어를 만들어내지는 않는다. 그들에게는 입근육과 인후근육 사이의 중요한 신경연결이 없기 때문이다. 집중 훈련을 받으면 원숭이들은 수화를 배울 수 있다(자세한 것은 15장을 보라). 그리고 두세 가지 기호를 결합시켜 문장을 만들 수도 있는데 이는 대충 두 살 정도의 어린아이들이 할 수 있는 수준이다.

그러나 인간의 두뇌에는 언어의 문법과 복잡한 통사를 담당하는 중앙기관이 있다. 바로 브로카 영역(좌반구 전두엽의 언어담당 구역: 역자주)인데 이에 대한 연구는 최근에 와서야 이루어지고 있다. 이 영역은 우리가 단어들을 연결해 복잡하게 얽힌 문장들을 만들 수 있게 해준다. 원숭이들을 이러한 일을 할 수 없고 심지어 인간과 유전학적으로 가장 가까운 침팬지들도 할 수 없다. 브로카 언어 중추는 인간에게는 두 살에서 세 살까지 성숙해지기 시작한다. 그럼으로써 작은 아기들에게 언어의 발전은 빨리 일어나게 되는데 아이들은 곧 세 단어 이상을 사용해서 문장을 만들게 된다. 동물들의 인지 능력과 비교해볼 때 아이들의 인지 능력은 다양한 단어와 문장어를 사용하면서 높아지게 된다.

그러나 그렇다면 무엇 때문에 통사적 능력이 존재하는가? 즉, 문장구조 규칙에 따라 단어들로 문장을 만들어내는 능력 말이다. 첫 번째 대답은 쉽다. 사람들은 단어를 절약할 수 있다. 여러 사태에 대해서 특수한 단어들을 사용하여 의사소통하는 것은 엄청나게 많은 단어들을 필요로 한다. 매번 새롭게 표현되는 사고를 위해서 새 단어들이 필요한 것이다! 단어를 문장으로 조립하면 엄청난 양의 표현 가능성을 얻게 된다. 몇 단어만으로는 많은 단어 조립을 할 수 있기 때문이다.

어떤 문장의 시작 단어를 10단어 중에서 선택할 수 있다고 가정해보자. 두 번째 단어에 대해서도 10단어가 있다(그러면 두 단어를 위해서 100가지 조합이 가능하다). 그리고 세 번째 단어를 위해서도 10단어가 있다(그러면 1,000가지 가능성이 있는 것이다). 그렇다면 20단어로 문장을 만들 가능성은 10의 20승인데, 100 000 000 000 000 000 000배수의 가능성인 것이다. 물론 그 안에는 통사적으로 틀린 단어 배열이 있을 수도 있다. 단어들을 조합한다고 해서 모든 조합들이 언어의 문법 규칙에 들어맞는 것은 아니기 때문이다. 그러나 당신은 이러한 가능성 속에 옳은 문장을 만들 가능성도 엄청나게 많이 포함되어 있음을 알고 있다.

"저기에 있는 저 사람들"

통사론이 왜 존재하는가라는 질문에 대한 두 번째 대답은 복잡하게 얽힌 문장을 만들 수 있다는 것이다. "저기, 저기에 있는 사람들은 멋진 콘서트를 보게 될 터인데 그것은 아주 오래 기억에 남을 것이다." 이러한 문장들로 우리는 사건과 사람, 과거와 현재 사이의 관련들을 만들어낼 수 있다.

그러나 어떻게 사람들은 벌써 어린 나이에, 즉 학교에 가서 문법이나 통사론을 배우기 훨씬 이전에도 문법 능력을 가지고 있을까? 미국의 언어학자 노암 촘스키(Noam Chomsky)는 언어학 발전에 큰 공을 세웠는데 그의 말에 따르면 문법 능력은 타고나는 것이다. 그를 매료시킨 것은 아이들이 언어를 배우는 속도뿐 아니라 이것이 전 세계 어느 곳에서나 비슷한 방식으로 일어난다는 사실이었다. 그러한 관찰에 근거해서 촘스키는 "선천적 정신구조"가 아기의 언어습득에 결정적 역할을 한다는 가설을 세웠다. 이러한 가정은 아이들은 배운 문장들을 재생산할 뿐만 아니라 창의적으로 새로운 문장들을 만들어낼 수 있음도 설명해준다.

약 500만 년 전에 침팬지와 인간의 발전사가 갈렸을 때, 진화의 과정에서 어떤 상황이 원숭이들과 달리 인간들에게서 통사적 능력의 발달을 이끌어냈는지 아직까지 분명하게 밝혀지지 않았다. 이에 대한 의견은 아직 분분하다. 어떤 연구자들은 인간의 언어는 그 근원이 몸짓에 있다고 한다. 원시 인간들이 직립보행을 하면서 발전을 이루어 두 손이 기구들을 사용하기 위해 자유로워졌다는 것이다. 이와 병행해서 커뮤니케이션의 손짓, 몸짓이 생겨났는데, 이는 나중에 음성에 의해 지원을 받고, 그 결과 첫 번째 단어들을 말하게 되었을 것이라는 가설이다.

다른 연구자들은—예를 들어 3장에서 언급했던 우베 위르겐스 같은 학자는—점점 목적에 맞게 음성을 사용하면서 언어가 출현하게 되었을 것이라고 생각한다. 인간 종족사에서 처음에 자의적으로 만들어진 음성은 동물 소리를 흉내 낸 것이나 야생동물들을 유혹할 때 낸 소리, 혹은 같은 그룹의 동료들의 주의를 끌기 위해서 주변 환경의 소음을 흉내낸 것이다. 음성을 모방하는 특성 때문에 이는 자연스럽게 이해되었다. 원숭이들에게도 보여지듯 이러한 소리들은 몸의 몸짓에 의해 뒷받침되었을 것이다.

두 번째 발전단계는 음성의 표준화라 할 수 있다. 이 말은 어떤 그룹의 다양한 멤버들이 내는 소리를 서로 조율해서 특정 사물에 대해서는 항상 동일한 소리가 사용되게 되었다는 것이다. 이러한 첫 번째 "단어들"은 아마도 한단어문장(마치 어린 아이들이 뭔가를 갖고 싶을 때 "줘!"라고 외치는 것 같이)이었을 것이고 첫 번째 다단어문장은 단어들을 단순하게 붙인 것이 었을 것이다("물 줘!" 같이). 다음의 중요한 단계는 복잡한 소리들을 하위단위들로 나누는 것인데 이것이 바로 5장에서 이미 말한 바 있는 음소들이다. 음소들의 조합은 많은 수의 새로운 단어들을 만들 수 있게 해주고 그와 더불어 어휘 능력을 높일 수 있게 해준다.

결정적인 마지막 발전단계는 복잡한 통사구조를 갖춘 문장들의 생성이다. 즉 종속문장, 시제, 그리고 접속사들을 가진 문장들 말이다. 이를 통해서 언어는 한편으로는 동반되는 몸짓에서 자유로워지고("이것이 갖고 싶어요"라고 말하고 그것을 가리키는 대신 "네 오른손에 있는 것을 가지고 싶다"라고 말할 수 있다). 다른 한편 문장들은 과거, 미래 그리고 실제가 아닌 가능성 영역의 것도 표현할 수 있다.

말하기에서 생각하기로

아기의 언어 능력의 발전 과정은 인류의 언어 진화 역사의 발전 단계들을 보여준다. 그 이상이라고도 할 수 있는데 아기는 자기가 한 생각에 대해 생각하는 것이 가능하기 때문이다. 미국의 심리학자 제롬 브루너(Jerome Bruner)는 아기들에게 나타나는 언어 능력의 발전 단계를 연구했다. 브루너의 말에 따르면 첫 번째 단계에서 아기들은 사물을 가리키고 단어 하나를 말하는데, 예를 들어 "고양이"라고 말을 한다. 이렇게 해서 단어는 대상과 그리고 의미와 연결을 맺게 된다. 두 번째 단계에서 단어들은 언어상으로 다른 단어들과 연관관계를 맺게 된다. 예를 들어서 "고양이는 동물이다"와 같이 말이다. 그리고 세 번째 단계에서 우리는 마치 사물에 대해서 하는 것처럼 언어적 관계에 대해서도 말을 할 수 있게 된다. 예를 들어 "고양이는 동물이다는 서술문이다"처럼 말이다. 이와 더불어 메타 차원에서 사상적 대상을 마찬가지로 다루게 되고 말을 하면서 성찰을 하게 된다. 이러한 것은 복잡한 통사(론)적 지식이 있을 때만이 이해가 가능하다.

러시아의 심리학자 레프 뷔고츠키(Lew Wygotski)는 저서 『사고와 언어(Thought and Language)』에서 사고하는 언어의 가치에 대해서 논하였다. 그의 이론에 따르면 사회 커뮤니케이션의 언어에서 "자아중심적" 기능적 언어가 생겨난다. 내면으로 옮겨져 일어나는 상대방과의 상상의 대화(원래는 부모가 상대인데)는 우리가 생각 속에서 혼자 두 상이한 입장을 취하고 또한 우리가 고민하는 행동의 찬반 여부를 혼자서도 논의할 수 있게끔 해준다.

그리고 더 나아가 "우리의 내면 안에서 듣게 되는" 단어와 문장들은 우리의 생각도 형성한다. 때로 우리가 결정적인 "키워드"를 잊어버리면 막 말하려 했던 것을 같이 잊어버리기도 한다. 뷔고츠키는 이에 대하여 다음과 같이 시적으로 말하고 있다.

"말하려는 단어를
나 잊어버렸네.
생각은 형체도 남기지 않고
그림자의 궈빈실로 돌아갔다네."

10

사고의 흔적을 찾아서

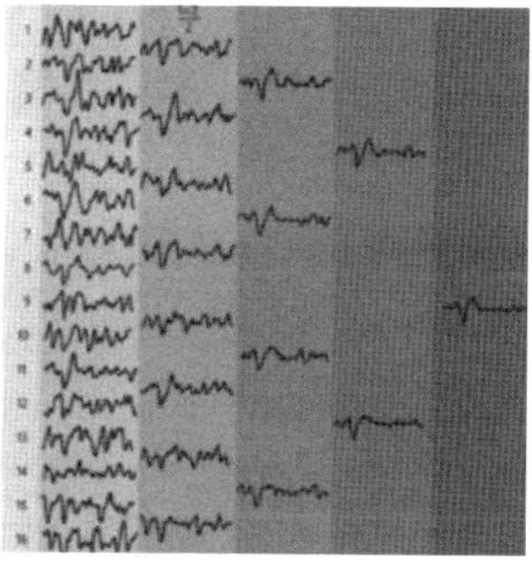

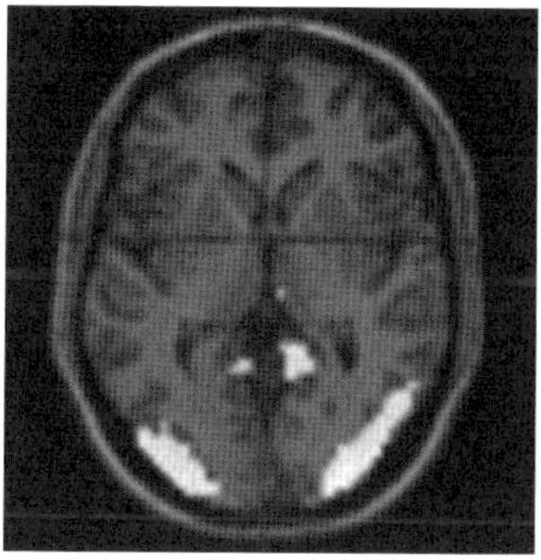

"그는 따뜻한 토스트에 양말을 발랐다."

혹시 독자 여러분도 이 문장을 듣거나 읽을 때 나와 같은 생각이 들었을까? 나는 이 문장을 처음 들었을 때 "양말을"이란 단어 때문에 내 안에서 거부반응이 일어나는 것을 분명 느꼈다. 이 단어는 문장과 도무지 들어맞지 않으니까. 아마도 버터나 잼 등이 맞는 단어일 것이다. 우리의 두뇌는 매우 신속하게 생각하기 때문에 말이 나오는 순간에 이미 적절치 않은 단어는 받아들이지 않거나 아니면 우리가 제대로 들었는지를 확인하게 한다. 신경과학자 마르타 쿠타스(Marta Kutas)는 1980년대에 캘리포니아의 샌디에고 대학에서 이러한 문장들을 가지고 언어이해 문제를 두뇌 실험과 관련시켜 연구했다. 당시에 쿠타스는 두부방사선계측기로 두뇌의 활동을 측정했는데 실제 예상하지 않았던 단어에 대하여 마음속에서 느끼는 저항은 이 측정실험에서 신호로 분명하게 나타났다.

두뇌의 신호

두뇌에서 일어나는 전기적 과정을 어떻게 파악할 수 있을까? 두뇌작용의 대부분은 신경세포(뉴런)의 전기 자극에 근거해서 일어난다. 신경세포의 이러한 "발화"는 전위의 변화와 두뇌 전기의 변화를 야기한다. 두뇌전기는 뇌파(electroencephalography: EEG. 독일어로는 "두뇌 전기파 기록"이라는 뜻: 역자주)로 측정하고 기록할 수 있다. 이를 위해서는 실험대상자의 두뇌 표면에 수많은 작은 측정센서들을 장착한다(머리털을 밀 필요는 없지만 스타일은 망가질 수밖에 없다). 이 두뇌에서 나오는 신호들은 개별적으로는 백만분의 일 볼트밖에 되지 않기 때문에 성능이 뛰어난 확장기가 필요하다. 이 측정기구들로는 아직까지는 바로 두피 바로 밑에서 일어나는 전기흐름의 신호만 잡아낼 수 있다.

두뇌 깊숙한 곳에서 일어나는 전기흐름을 측정하기 위해서는 다른 기구가 사용된다. 두뇌의 흐름들은 자장을 만들어내고 이 자장들은 인체에 해를 입히지 않고 훨씬 깊숙한 곳에서 나와 두뇌의 핵심부를 뚫고 들어간다. 이 자장들은 뇌자도(magnetoencephalography: MEG. 독일어로는 "두뇌 속 자기 과정의 기록"이라는 뜻: 역자주)로 측정할 수 있다. 그렇지만 두뇌의 흐름에서 야기된 자장들은 수십억분의 일 테슬라(자장의 측정단위) 정도라 할 수 있다. 이와 비교해보면—언제나 존재하는—지구의 약한 자장도 대략 만분의 일 테슬라로 어마어마하게 크다고 할 수 있다. 따라서 이러한 연구를 하기 위해서는 측정 캐비넷을 특수 금속 재질의 아주 두꺼운 벽체로 만들어 방해 전파를 차단해야 한다. 최고로 민감한 측정기구만이 두뇌의 자장 신호를 잡아낼 수 있다. 이를 위해서 머리에 기구를 장착한다. 이 장치는 마치 커다란 잘 마른 두건처럼 보인다. 100데텍트론이 넘으면 이 기구로 측정된다. 기술적인 이유로 측정을 위해 마이너스 269도로 냉각해야 하는데, 여기에 액체 헬륨이 필요하고 이 헬륨 일 년치 비용은 최고급 리무진 가격 정도로 비싸다.

뇌파(EEG)나 뇌자도(MEG), 두 측정방법에 있어서 신호는 전체 두뇌활동의 총량만을 측정기구에 남긴다. 두뇌 속에서는 많은 신경세포들이 계속적으로 자극을 받고 있어 연구하려는 자극에 대한 반응 활동만 측정되는 것은 아니다. 이러한 두뇌의 소위 전체 배경 활동을 생각해보면 특수 행동에서 일어나는 신호만 따로 잡아내기란 거의 불가능하다. 그래서 사람들은 머리를 쓰게 된다. 예를 들어 손가락의 찌르기 같은 특수한 감각 자극으로 야기된 두뇌자장을 측정하고 싶으면 보통 테스트 자극을 여러 번 주게 된다. 그래서 피실험자를 반복해시 찌르면 그때마다 두뇌의 활동이 기록되고 여러 차례 측정하여 평균값을 낸다. 이러한 방식으로 측정되는 자극은 항구적으로 두뇌에서 일어나는 운동의 자극과 분리된다. 즉, 늘 똑같이 일어나는 두뇌의 배경활동은 걸러지는 것이다. 사람들은 강하거나 아니면 약한 타격 혹은 "찌르기 자극"의 결과인 분명한 신호를 얻게 되는 것이다. 이는 소위 사건 관련 전위(event related potential: ERP)인 것이다.

이 장 시작의 첫 번째 그림에서 이러한 사건 관련 전위(ERP)의 영상들을 볼 수 있다. 이 그림은 어떤 테스트 자극을 주고 측정한 16번의 결과를 보여준다. 물론 거칠게 그려진 커브만을 인식할 수 있다고 해도 말이다. 여러 번의 평균치 영상을 통해서 결국 신호들은 이 장 시작의 오른쪽 영상처럼 분리가 된다. 오른쪽 영상을 보면 감각 자극에 의해 유도된 올라갔다 내려갔다 하는 사건 관련 전위(ERP)의 특징이 드러난다. 자극과 직접 연관이 없는 두뇌의 배경행동은 걸러지는 것이다.

어떤 사건 관련 전위(ERP)의 강하고 약한 다양한 자극들은 특정 두뇌 영역의 신경처리단계에 귀속시킬 수 있다. 예를 들어 손가락 찌르기는 20밀리초 후에 감각 뇌피질 속에 음성최고치의 형태로(N20으로 표기한다) 답하고, 25밀리초 후에는 양성최고치로 답한다(P25로 표기한다). 시각적인 자극에 있어서도 특징적인, 예컨대 좀 더 느린 음성최고치와 양성최고치가 연속되는 것을 관찰할 수 있는데 이는 시각피질에서 일어나는 작업과정의 특징이라 할 수 있다. 청각적인 자극, 예를 들어 짧은 삐 소리는 많은 커브들을 남기는데 이를 보면 청각신경에서 청각령(청신경으로부터 흥분을 받아들이는 대뇌피질의 부분: 역자주)까지의 신호 처리를 추적할 수 있다.

모든 자극의 유형에 있어 후에 기록된 자극들은 두뇌의 계속적인 처리 과정들을 반영한다. 그래서 300밀리초가 지나면 신호에서 양성최고치를 기록하는데(P300) 이는 자극의 인지 및 구별과 동시에 일어난다. 이는 사람들이 흔한 자극들로부터 드문 자극을 구분해야만 할 때 특히 중요한데, 예를 들어 낮은 삐 소리가 많이 연속될 때 소수의 흩어진 높은 소리들이 측정된다.

더 특수한 것은 N400 효과라 할 수 있는데 음성최고치로서 자극이 있은 후 약 400밀리초 후에 나타난다. 이는 오로지 의미론적인, 즉 의미와 관련된 처리 과정에서만, 예를 들어 예상치 못한 단어가 진행을 방해할 때 그러하다. 마치 이 장의 처음에 이야기한 것과 같은 "그는 따뜻한 토스트에 양말을 발랐다"에서처럼 말이다. "양말" 대신에 "꿀"을 말하면 이러한 결과는 나타나지 않는다. 수많은 두뇌연구에서 N400 효과는 진정한 고전이라 할 수 있다. 이는 예를 들어 잘못된 답을 제시하는 계산 과제(예를 들어 3×4=16)에서도 나타나고, 잘못된 답이 정답에서 벗어난 정도가 클수록(예: 3×4=36) 훨씬 더 강하게 나타난다. 이러한 결과는 N400 효과가 사람들이 생각을 할 때 의미를 처리하는 것과 연관이 있다는 것을 강조해주는데, 더 자세히 말하면 우리가 예기치 않은 정보 때문에 혼란이 일어날 때 그러하다.

뇌파(EEG)와 뇌자도(MEG)는 신경 과정들을 백만분의 일초까지 정확하게 시간적으로 나눌 수 있다. 이것은 두뇌 속에서 일어나는 처리방식의 순서를 해명할 때 중요하다. 그에 반해 그 일이 일어나는 장소는 아주 세밀하게는 알 수가 없는데, 그 말은 예를 들어 아주 복잡한 문장을 이해할 때 두뇌의 어떤 영역들이 간여하는지 알 수 없다는 것이다. 이것은 영상을 사용하는 방식에 의해서 알 수가 있다. 이 방식은 뉴런의 흥분들이 두뇌혈액공급과 신진대사를 국부적으로 증가시키는 부대현상을 수반하는 데 근거를 두고 있다. 그렇게 해서 활성화된 두뇌의 영역들을 시각적으로 볼 수 있게 된 것이다.

활성화된 두뇌 영상

빌헬름 콘라트 뢴트겐(Wilhelm Conrad Röntgen)이 19세기 말 나중에 그의 이름을 따서 뢴트겐선으로 이름 지어진 방사선으로 사람의 골격구조를 처음 촬영했을 때 그는 영상의학의 아버지가 되었다. 70년이 지나서야 비로소 새로운 컴퓨터에 기반을 둔 영상촬영의 방식이 개발되기 시작했는데 이를 통해—손의 골격을 보여주는 것을 훨씬 능가하여—살아 있는 몸의 영상들을 보여줄 수 있었다. 이러한 촬영 방식들은 의학의 진단기술에 혁명을 불러일으켰을 뿐만 아니라 두뇌연구에 있어서도 엄청난 가능성을 보여주었는데 이는 뢴트겐은 상상도 할 수 없을 정도이다.

이러한 발전의 시작은 방사선으로 작동하는 컴퓨터단층촬영(computerized tomography: CT)이다. 1970년부터는 위의 단층촬영이 가능해졌는데 이는 신체의 개별 층들을 보여줄 수 있게 되었다는 말이다. 이 방식은 80년대에 들어서 지속적으로 개선되었고 많은 부분에서는 자기공명영상(magnetic resonance imaging: MRI)으로 대치되었다. 다른 이름으로는 핵공명진단이라고도 불린다. 이러한 방법은 컴퓨터단층촬영보다 인체에 부담을 덜 주는데 방사선 대신에 수 텍사 정도의 자기장 전자파를 사용하기 때문이다. 이 전자파는 거대한 그리고 아주 차갑게 냉각시킨 코일로 생산이 된다. 두뇌의 단층영상은 두뇌조직에서 자기장이 수분과 지방의 분포에 서로 다른 영향을 주고 이것이 영상으로 반영된다. 그래서 사람들은 처음으로 두뇌구조의 해부학적 영상을 얻을 수 있었는데 이것들은 아직은 활성화된 두뇌의 영상들이라고는 할 수 없다.

또 하나의 결정적인 전기를 가져온 것은 약한 자기장물질이 두뇌의 활성화된 영역을 촬영하는 양전자방출단층촬영법(positron emission tomography: PET)과 1990년대 초반에 개발된 기능성자기공명영상(functional magnetic resonance imaging: fMRI)이다. 이러한 두뇌스캔 방식과 더불어 뉴런의 활동을 아주 세밀한 부분까지 촬영하는 것이 가능해졌다. 이를 통해 연구자들은 두뇌의 작업 원칙에 대하여 역추론을 할 수 있게 되었다. 특정한 과제를 수행하면서 실험대상자의 두뇌활동을 관찰하고자 할 때 사람들은 스캐너의 측징관을 미리에 쓰게 된다. 이때 피실험자들에게 디스플레이로 시각적 테스트 자극을 보여주거나 귀에 청각적 자극을 들려주었다. 측정 중에는 헤드폰을 쓰는데 스캐너는 측정 과정 중에 "지옥의 소음"을 만들어내서 쿵쿵거리고 쾅쾅 때리기 때문이다. 강한 자장 때문에 측정치가 왜곡되지 않도록 모든 것에 금속이 없어야 했다(그래서 손목시계나 안경도 벗어놓고 측정했다). 실험대상자는 손가락으로 응답버튼을 누르는 방식으로 테스트 자극에 반응을 보일 수 있었다. 그들은 측정하는 동안 머리를 움직이면 안 되었는데 영상이 흐려질 염려 때문이다.

두뇌의 기능들을 촬영하여 측정하기 위해서는 과제 때문에 자극된 두뇌의 영역들 속에서 높아진 신진대사율을 이용한다. 우리가 특정한 일에 대해 숙고하면 할수록 관여한 두뇌 영역의 신경의 흥분(더불어 신진대사도)은 강해진다. 이 행동이 증가하면 신경세포들은 산소를 더 많이 필요로 한다. 두뇌는 산소 상실 때문에 이 영역으로의 혈액유입을 높이고 이 조절을 통하여 산소함량을 높인다. 이러한 증가는 몇 초 정도의 시간적 지체가 일어나면서 관찰이 된다. 산소가 부족하거나 산소가 풍부한 혈액은 스캐너의 자장에 다른 방식으로 영향을 주고 이것은 영상에서는 색깔로 드러난다. 열 카메라의 온기영상촬영에서처럼 두뇌는 신경세포가 활성화되는 바로 그 위치에서 "반짝거린다".

실험을 하는 동안에 두뇌조직의 다양한 층에서 산소함량이 반복적으로 측정되고 통계적으로 평가된다. 그렇게 해서 테스트 과제를 수행하는 동안 두뇌의 어떤 영역에서 활동이 증가했는지가 확정된다. 이러한 위치들은 해부학적 두뇌의 단층영상에서 색깔로 표시가 되고, 예를 들어 이 장의 처음 오른쪽 사진과 같은 전형적인 영상을 만들어낸다. 테스트 과제 때문에 번쩍거리는 부분들이 생겨나고 이 두뇌 영역에서 뉴런 활동이 증가함을 의미하는 두뇌신진대사의 증가를 보여준다.

감각이나 운동과 관련된 실험에서 이러한 방식은 효과적인데, 예를 들어 실험대상자가 손가락에서 찌르는 자극을 느끼거나 손가락을 이리저리 흔들 때 두뇌의 활동을 측정할 경우이다. 그러나 두뇌가 뭔가 생각할 때의 사고 과정들을 목표로 조사하는 것은 훨씬 어려운 과제이다. 그래서 사람들은 다시 머리를 짜냈다. 실험대상자에게 실험자도 아는 뭔가 특정한 것을 생각하라고 시킨다(이것은 "안정 조건"이라고 한다). 예를 들어 디스플레이에 나타나는 숫자들을 소리 내지 말고 읽어보라고 시킨다. 머리가 계산을 할 때 두뇌의 어떤 부분이 활성화되는지를 측정하고 싶다면 실험대상자에게 보여준 숫자가 아니라 머릿속에서 그 세 배를 곱하라는 계산을 명령으로 내린다. 두 조건을 비교해서—즉 안정 조건과 활동 조건—계산 과정에서 활성화되는 두뇌의 영역들을 확정한다.

무엇보다도 영상측정방식은 오늘날 생각을 할 때의 두뇌 속을 "들여다볼 수" 있게 해준다. 그리고 예를 들어 언어처리 과정도 들여다보게 해준다. 두뇌 스캐너를 가지고 사람들은 뇌의 어느 부분에서 무슨 일이 일어나는지를 아주 정확하게 확정할 수 있다. 그러나 이미 이전에 관찰했던 뇌파(EEG)나 뇌자도(MEG) 측정방식도 아주 중요한 정보들을 주는데 두뇌에서 일어나는 사건들의 시간적 진행 과정을 정밀하게 조사할 수 있기 때문이다. 이러한 방법들은 서로 보완되는 상이한 장점들을 지녔다고 할 수 있다.

사람들은 누군가가 거짓말을 할 때 이를 잡아낼 수 있다는 것도 빠뜨리지 않고 언급하는 것이 좋겠다. 펜실베니아 대학의 연구자들은 어떤 사람이 카드게임을 하면서 상대자에게 손에 들고 있는 카드에 대한 거짓정보를 줄 때 두뇌에서 일어나는 활동을 스캔할 수 있었다. 거짓말을 할 때에는 두뇌의 특정 영역이 눈에 띄게 활성화되었다. 우리가 행동에 대해 주의 깊게 관찰하고 평가할 때면 항상 작동하는 뇌량구와 뇌상구 사이의 뇌회인 소위 대상회(Gyrus cinguli) 영역의 전반부가 활성화되는 것이다. 현대의 첨단 측정기구의 도움을 얻어—예를 들어 복잡한 문장을 이해하는 과정 등—언어의 이해에 대해 무엇을 배울 수 있는지는 다음 장에서 다루게 될 것이다.

11

사람들은 언어를 어떻게 이해하는가?

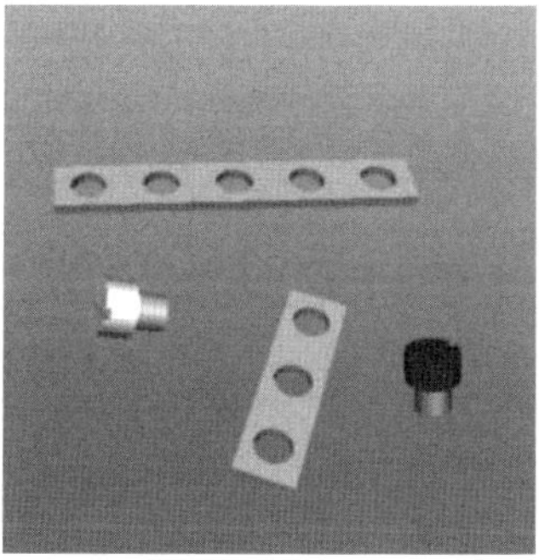

"이제 모든 노란 나사를 긴 테에 꽂으세요."

주의력이 깊은 우리의 가상 로봇 막스가 위의 문장을 들을 때 무슨 "생각을 하는지"(위의 그림 참조), 그리고 어떤 방식으로 문장을 "이해하는지"는 이 장의 마지막 부분에서 자세히 나누겠다. 언어의 이해란 우리의 지적 능력 가운데에서도 가장 핵심적인 능력이다. 9장 「단어들과 문장들」에서 인간은 이 점에서 모든 다른 동물들과 구분된다는 것을 이미 이야기했었다. 그래서 인공지능을 가진 기계가 인간의 언어를 이해하기 위해 어떠한 상태여야 하는지는 흥미진진한 문제가 아니라 할 수 없다.

사람이 언어를 이해할 때 무슨 일들이 일어나는지는 우리에게 아직 명확하게 밝혀져 있지 않다. 왜냐하면 우리의 두뇌에서 일어나는 과정들에 직접적으로 접근할 수는 없기 때문이다. 그렇지만 앞서 설명한 뇌과학자들의 연구를 통해서 그간 많은 세부적 사실들을 알게 되었다. 그중 몇몇에 대해 다음에서 다루도록 하겠다. 우선 아주 간단한 예에서 시작을 해보자.

국 속의 퍼런 것(채소)

"국 속의 퍼런 것(채소)이 뭐지?"라는 문장이 있다고 가정을 해보자. 이 문장을 이해하려면 우리의 두뇌는 몇 개의 부분 과제들을 풀 수 있어야 한다. 첫 번째 문제는 어떤 단어들이 전달되었는가이다. 이를 위해서는 우선 받아들인 청각 신호(음향)를 단어들의 연속체로 인식할 수 있어야 한다. 보통 아무도 단어를 하나하나 따로 분리해서 말하지는 않기 때문에 일단 다음처럼 들릴 것이다.

"국속의퍼런것이뭐지?"

이때 문장 마지막의 위로 올라가는 언어 멜로디는 무엇인가를 묻고 있다는 것을 보여준다(독자도 "음-음-음" 하고 이 문장을 읽다가 마지막의 강세만 올려 읽어도 의문문이라는 것은 금방 알 수 있다). 우리의 예문에서 단어 하나하나를 알아들었다면 다음으로 등장하는 문제는 단어들의 연속을 하나의 문장으로서 인식하고 그 통사구조를 아는 것이다. 이 단계에서 문장구조가 분석되는데 문법에 따라 문장 부분들의 구조를 분석해내야 한다. 우리의 예에서 주어, 서술어, 목적어 그리고 의문문이라는 것이 이에 해당할 것이다.

다음 문제는 이 문장의 의미, 의미론을 조사하는 것이다. 우리의 예에서 이것은 사실 내용을 어떤 형식으로 묘사하는 것, 즉 푸른 색인 x가 있고 국이라는 y가 있는데 y 안에 x가 있고 지금 묻는 것은 x라는 것이다.

마지막으로 알아내야 하는 것은 이 질문은 어떤 의도를 가지고 있는가, 즉 화자는 어떤 "의도"로 질문을 했는가이다. 즉 화용론이 문제가 된다. 어떤 문장의 화용론적 의미를 아는 것은 쉬운 일이 아니고 때로는 잘못 이해되기도 한다. 우리의 예는 순전히 정보를 얻으려는 목적에서 던진 질문일 수도 있다(즉 나는 이 채소가 뭔지 모르겠기에). 혹은 칭찬을 하려는 것일 수도 있다(정말 맛이 최고예요). 혹은 비난일 수도 있다(이 퍼런 것이 뭔지 의심스럽다). "국 속의 퍼런 것이 뭐지?"라는 질문에 대한 대답은 다음처럼 나올 수도 있다. "이 집 음식이 맛이 없으면 다른 집으로 갈 수도 있어."

언어를 이해한다는 것은 소리표본에서 개별 단어를 인식하는 것에서부터 언어 메시지 전체를 이해하는 단계까지 여러 과정으로 구성되어 있다. 각 단계에서의 과정이 모두 성공적으로 진행되면 수신자는 국이라는 말을 들으면 조금 후에 어떤 의미를 느끼게 될 것이다. "국"이라는 단어의 내용이라 할 의미론은 다시 언어학적으로 다른 연상들을 불러일으키고(뜨거운, 감동적인, 액체에 가까운 음식 등등), 경우에 따라서는 몸의 반응을 야기할 수도 있다(입 안에 침이 고인다). 우리의 지식 시스템은 단어들과 결국은 문장 의미를 내적으로 느낄 때까지 점점 심층적으로 들어가면서 활성화될 것이다.

9장 「단어들과 문장들」에서 단어 의미들이 두뇌 속에 저장되는 마음 사전 이야기를 했었다. 소위 내용어휘(명사, 형용사, 동사)들은 이 사전에 단어와 같이 전달되는 단어 내용을 가지고 있다. 우리의 마음 사전은 각 단어의 통사론적 정보도 가지고 있다. 즉 각 단어들은 품사에 대한 정보(명사, 동사, 관사 등)와 단어 형태(명사의 경우 단수, 복수, 1격, 2격 등, 동사의 경우 능동, 수동, 현재, 과거 등)에 대한 정보를 저장하고 있다. 관사나 소위 기능어(왜냐하면, ~를 위하여, ~ 위에, ~ 안에, ~의 등의 접속사나 전치사 등)도 이와 마찬가지이다.

우리가 대개 무의식중에 이 모든 것을 두뇌에 레퍼토리로 가지고 있기 때문에 우리에게 "이 상자는 그 남자에 의해 끌려 운반되었다"라는 문장과 달리 "그 상자는 그 남자의 의해 끌려 운반되었다"는 문장을 들으면 거부감이 생긴다. 이 문장에 나오는 내용어들(상자, 남자, 끌다)의 의미는 이미 알고 있지만 두 번째 문장은 분명히 문법 규칙에 어긋나게 사용되었기 때문이다. 우리가 이를 바로 알아차리는 것은 우리의 두뇌가 문법 분석기를 가지고 있음을 말해준다. 두뇌는 단어들을 문장구조로 전환하려 시도할 때 격이 잘못 사용된 "남자의"라는 단어가 보통 "누군가에 의해 끌려졌다"라는 수동태 구문과 서로 어울리지 않는다는 것을 발견한다. 우리는 심지어 단어의 의미를 모를 때에도 문법을 분석할 수 있는데 다음에서 이를 살펴보자.

아그아그한 폭력기

(형용사 "아그아그한" 와 명사 "폭력기"는 지어낸 말인데 각각 그리고 합쳐서도 어딘가에 있을 법한 단어처럼 보인다. 원래 독일어로 저자가 만들어낸 엉터리 말은 Das mumpfige Fölöfel: 역자주)

"아그아그한 폭격기가 고색요상한 트랙틀을 덜어올렸다." 이 말도 안 되는 문장이 올바른 통사구조를 가졌을까? 이 문장을 수동태로 바꿀 수 있을까? 바꿀 수 있다면 통사구조나 문법지식 분석은 단어의 의미를 몰라도 우리의 두뇌에서 아무런 문제없이 일어날 수 있음을 알게 될 것이다. 이때 우리 두뇌의 특정 부분이 활성화되는데 연구팀들, 예를 들어 라이프치히의 막스플랑크 인지과학과 신경과학 연구소가 이 문제를 연구하고 있다.

연구자들은 뇌 스캔 기구를 사용하여 "배고픈 고양이가 날쌘 쥐를 쫓고 있다"와 같은 올바른 문장을 들을 때와 문법구조는 옳지만 아무 뜻이 없는 "아그아그한 폭격기가 고색요상한 트랙틀을 덜어올렸다" 같은 말을 들을 때를 구분하여 실험대상자의 두뇌활동을 조사했다. "아그아그한 폭격기가 고색요상한 트랙틀을 덜어올렸다"처럼 유사문장이라 불리는 인공적으로 만들어진 문장들을 가지고 의미론 단계를 배제할 수 있다. 실험대상인 사람들은 단추를 눌러서 이 문장이 능동태인지 수동태인지를 결정해야 한다. 위에서 알게 된 것처럼 이것은 문장구조만 가지고도 할 수 있다.

이러한 실험을 하면서 사람들은 유사문장들이 처리될 때 브로카 영역 가까이, 두뇌의 깊숙이 자리 잡은 전방선개(frontal operculum) 영역이 분명하게 활성화되는 것을 발견할 수 있다. 더 나아가 사람들은 "가수가 청중들의 환호를 받았다"라는 통사론적으로 올바른 문장과 "그 상자는 남자의 끌려왔다" 같은 통사론적으로 올바르지 못한 문장을 비교할 수 있다. 여기서 부정확한 문장을 다룰 때에는 왼쪽 전방의 브로카 영역뿐 아니라 왼쪽 측두엽 영역도 활성화됨을 알 수 있다. 사람들은 그래서 브로카 영역 이외에 다른 두뇌 영역들도 통사론 작업에 관여한다고 추측한다.

또한 뇌파(EEG)를 사용하여 사람들은 문장구조의 규칙에 어긋나는 문장에 대한 두뇌 반응을 연구하였다. 그리고 이를 올바른 문장에 반응하는 경우와 비교하였다. 이를 통해 사람들은 잘못 만들어진 문장구조와 씨름할 때 두뇌가 언제 긴장하는지 역추론을 할 수 있었다. 예를 들어 두뇌는 다음의 문장이 문법적으로 틀렸다는 것을 곧바로 알 수 있다. "친구는 에서 방문을 받았다(The friend was in visited)."(독일어 원문장은 Der Freund wurde im besucht: 역자주) 실험대상자는 마지막 동사 visited를 들은 지 1억 8천만분의 일 초 만에 두뇌신호에 부정적인 결과를 나타낸다. 왜냐하면 전치사 "~에서(in)"는 "병원" 같은 말과 결합해서 사용하지, "방문되다(visited)" 같은 동사와 같이 쓰이지 않기 때문에 우리의 두뇌는 잘못된 품사의 단어에 분명하게 저항을 한다.

이에 반하여 어떤 단어가 의미 때문에 어떤 문장맥락과 맞지 않으면 이전 장에서 언급한 N400 효과라는 것이 나타나는데 이것은 400밀리초 만에 나타나는 부정적인 두뇌신호이다. 이 효과는 예를 들어 "그는 양말을 따뜻한 토스트에 발랐다"에서는 나타나고 "그는 꿀을 따뜻한 토스트에 발랐다"에서는 나타나지 않는다. 분명히 의미론적으로 상관이 있는 토스트나 꿀 같은 단어는 우리의 마음 사전 안에서는 가까이에 위치하고 있다. 토스트나 양말은 아니다. 학자들은 N400 효과가 수만 개의 어휘를 가진 마음 사전에서 단어 의미를 탐색하는 과정을 반영하고 있다고 생각한다.

이러한 연구결과를 바탕으로 (물론 여기에서는 아주 일부분만 제시했지만) 다음과 같은 과정이 진행된다고 말할 수 있다. 제일 먼저 들은 신호를 청각적으로 처리하고 단어들로 나누어 분리한다. 곧바로 두뇌는 이로부터 통사구조를 유도해내려 한다. 바로 다음에 두뇌의 마음 사전과 그 안의 단어 의미를 직접 섭속한다. 이때 이 과정이 잘 진행되지 않으면 위에서 말한 부정적 효과들이 나타나는 중단과 탐색 과정이 일어난다. 문장 멜로디도 우리의 뇌에 의해 같이 조사된다. 예를 들어 이 멜로디를 통해 무엇이 전달되는지(서술문인지) 혹은 질문이 되었는지

(의문문인지)를 알 수 있다. 모든 것이 잘 진행되면 우리의 두뇌는 들은 신호에서 전달이 된 메시지를 해석해내기 위해 모든 정보들을 계속 처리할 수 있게 된다.

기계언어이해 분야에서는 연구자들이 이해 과정의 각 단계들을 기술로 모방하려는 실험을 하고 있다. 이 단계들이 어떻게 진행되는지를 막스와 같이 간단한 실험을 하여 알아보자.

막스는 언어를 어떻게 이해하는가?

막스는 언어 메시지의 수신자로서 위에서 말한 것처럼 우선 단어들을 인식하고 단어의 연속을 문장으로서 분석하고 의미를 추출해내기 위해서 다양한 방법들을 사용하고 있다. 막스는 이러한 과제를 어떻게 수행하는가? 다음을 상상해보라. 막스는 이 장의 처음에 언급했던 문장을 그의 귀의 역할을 하고 있는 마이크를 통해서 "듣는다". "이제 노란 색의 나사를 긴 테에 끼우시오." 동시에 막스는 이 장의 시작에서 본 여러 부품들이 있는 장면들을 가상현실에서 "보게 된다".

막스는 청각적 신호를 우선은 언어인식 프로그램을 가지고 처리한다. 이것은 단어 사전을 가지고 입력된 음향 신호들을 개별 단어들로 걸러내는 컴퓨터 프로그램으로, 단어 사전의 도움으로 음향신호 표본에서 개별 단어들을 추출해낸다. 언어 인식자가 음향표본에서 단어들을 인식할 수 있기 위해서는 사전에 이미 연습되어 있어야 한다. 언어인식자는 문법 규칙도 사용해서 통사론을 시험하고 비통사론적인 대안들을 제거해버린다.

예를 들어 마지막 두 단어들은 "긴 테에(in die lange Leiste)" 대신에 "오래 일했다(lang geleistet)"로 들릴 수도 있는데 "in die"라는 문맥에서는 올바른 문장이 될 수 없다. 이 과정이 여기까지 성공적으로 일어나면 막스는 들은 것에서 말한 것, 즉 "이제 노란 나사를 긴 테에 끼우세요"라는 문장을 컴퓨터 텍스트로 재구성해낼 수가 있다. 이것이 언어이해, 언어인식의 첫 번째 단계를 종결짓는다.

막스는 어떻게 말한 것의 의미를 이해할 수 있는가? 이를 위해서는 의미 사전에서 접근할 수 있는 단어 의미들에 대한 지식이 필요하다. 9장에서 소개한 스와데쉬 목록 중 몇몇 단어만 여기에 들어 있다. 즉 나, 너, 우리, 이것, 저것, 무엇, ~아니다, 모든, 하나, 두 번째, 큰, 긴, 작은, 주다, 빨간, 녹색, 노랑, 하양, 둥근들이다. 그 대신에 막스는 모델조립과 세계와 관련이 있는 수백 개의 다른 단어들을 알고 있다. 이 중 몇 개만 보면 축, 옆에, 그것(남성명사와 여성명사 각각), 돌리다, 세 구멍 테, 뒤에, 안에, 짧은, 테, 왼쪽, 구멍, 가운데, 위, 프로펠러, 엇비슷하게, 오른쪽에, 바퀴, 축, 나사, 꽂다, 부분, 아래, 아래 것, 연결하다, 네 번째, ~의, ~ 앞에, 앞의 것, 앞으로, 어떤 것, 주사위, 두 번째 것들이다.

막스의 의미 사전에는 각각의 단어에 의미정보가 저장되어 있다. 예를 들어 "꽂다"의 경우에는 연결의 일종, 명령형은 "꽂아"라고 표기되어 있다. 문장의 분석에서 막스는 이러한 정보들을 개별 단어들에 할당하고 이것으로 문장의 의미를 구성해

낸다. 우리의 예의 경우 다음처럼 보일 것이다.

이제	**허사**	
꽂아	**명령**	**연결하다**
그	**관사**	
노란	**색깔**	**노랑**
나사	**목적어**	**나사**
안에	**전치사**	**안에**
그	**관사**	
긴	**크기**	**큰**
테	**목적어**	**테**

이 예문에서 "이제"는 허사로, "꽂아"는 연결하라는 "명령"으로, "그"는 관사로, "노란"은 노랑으로 명기된 색깔로, "나사"는 나사라 명기된 대상인 나사를, "안에"는 전치사인 안에를, "긴"은 길이를 나타나는 말로, "테"라는 말은 테라는 타입의 대상으로 평가된다.

이 문장을 완전하게 이해하기 위해서 막스는 인지한 장면과의 연결을 만들어내야 한다. 다시 한 번 이 장의 처음에 있는 그림을 관찰해보자. 막스는 "노란 나사"와 "긴 테"라는 문장 부분에 적당한 대상을 찾아야 한다.

색깔 노랑을 가진 대상 나사에 해당하는 x를 찾으시오.

길이 길다를 가진 대상 테에 해당하는 y를 찾으시오.

이를 위해서 막스는, 예를 들어 테들의 길이를 비교하고 그중 긴 것으로 골라든다. x와 y에 대한 분명한 대상을 찾기 위해 막스는 이것을 연결하는 과제를 완전하게 이해하고 수행해야 한다. 이러한 문장의 이해는 0.5초 이상 걸리지 않는다. 눈썹 두 번 깜박하기도 전에 말이다! 이제 당신은 막스가 어떻게 언어를 이해하는지를 알게 되었다.

12

기호와 행동

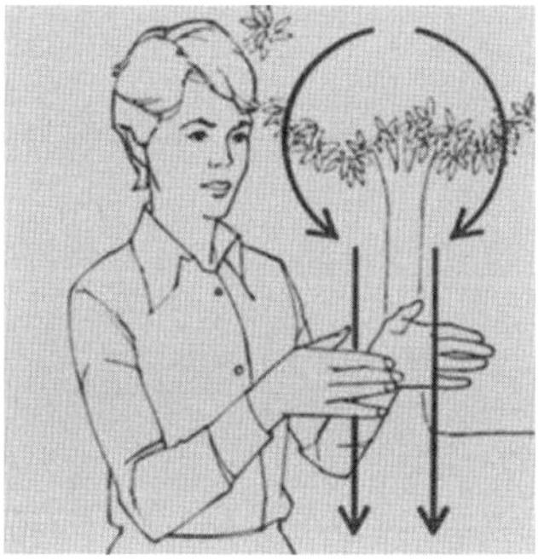

인디언들과 카우보이들은 저녁까지 싸우고 그 다음에는 자기들 진지로 돌아갔다. 그러고는 기호언어로 소통을 시도하는 협상자들을 보냈다. 인디언들은 시작한다. 그들은 검지를 쭉 뻗어서 카우보이를 가리킨다. 카우보이는 이에 손을 들어 올려 대답을 한다. 검지와 중지를 쭉 뻗어서 말이다. 이에 인디언은 그늘의 주먹을 망치처럼 만들어 허공에 휘두른다. 카우보이는 자신의 팔을 자기 앞에 수평으로 쭉 뻗는다. 둘 다 자신의 진지로 돌아간다. "뭐라고 하던가요?" 다른 카우보이들이 묻는다. 협상자는 "그는 우리가 너의 추장을 죽이겠다"(쭉 뻗는 검지를 반복한다)고 했어요. 그래서 나는 그러면 우리는 너희들 중 둘을 죽이겠다고 대답했지요(두 손가락을 뻗은 손을 든다). 그다음에 그가 그들이 너희들의 머리를 칠 것이다(공중에서 망치를 휘두른다)라고 해서 내가 우리는 너희들을 뿌리째 절멸시킬 것이다(수평의 손동작)라고 했지요. 인디언들도 비슷하게 이를 반복한다. 그렇지만 해석은 이와 다르다. "내가 그에게 이름이 뭐냐고 물었거든?"(검지를 뻗는다) 그랬더니 염소라고 하더라(손을 든다). 그래서 내가 물었지. "산염소냐?"(망치를 휘두르는 몸짓) 그랬더니 "아니, 아니 물염소인데"(손바닥으로 공중으로 이동시킨다)라고 하던데.

재미를 위해 만들어진 이 커뮤니케이션에 대한 이야기는 매우 짧지만 "성공적으로" 실패한 커뮤니케이션과 기호언어의 중요한 특성들을 보여주고 있다. 즉, 기호들은 양측 모두가 같이 알고 있어야 하고 또 의미 해석에 있어서 합의를 보아야 한다. 다시 말해 관습화되어야 한다는 것이다. 그렇지 않으면 커뮤니케이션은 이루어지지 않는다. 이러한 것은 시각 커뮤니케이션이나 말이나 글을 통한 언어 커뮤니케이션 모두에 해당된다.

이러한 합의된 기호 시스템의 예들은 비언어적 영역에서도 다양한 형태로 존재한다. 일례로 소리를 질러 도달할 수 있는 거리 너머의 원거리에서도 커뮤니케이션이 가능하도록 고안된 인디언들의 연기 신호를 들 수 있다. 유사하게 국제적으로 합의된 바다에서의 깃발 알파벳도 원거리 커뮤니케이션에 사용된다. 크레인 운전수들은 높은 곳에서도 특수한 수신호를 통해 지상에서 일하는 노동자와 의사소통한다. 공항에서 지상노동자들은 잘 보이는 켈렌(Kellen) 신호를 통해서 비행기 조종사와 착륙 위치에 대하여 의사소통한다. 잠수부들의 언어는 물밑에서 손과 손가락 신호를 가지고 소통하는 것이고 그들의 잘 알려진 "오케이!" 사인은 엄지손가락과 검지손가락을 구부려 원을 만든 것이다. 오늘날에는 잠수부들의 이 사인이 물 위에서도 사용된다. 청각적으로 합의가 된 기호 시스템의 예는 모스 부호와 사이렌의 경보 신호를 들 수 있다.

정말 근사한 기호 시스템의 예로는 청각 장애인의 수화를 들 수 있다. 이 장의 처음에서 보여준 그림은 독일 수화 "K"의 기호이다. 엄지손가락을 중지방향으로 기대고 다른 손가락은 감아서 주먹을 만든다. 만약 엄지손가락이 감겨진 손가락들 위에 놓였다면 "V"를 뜻하는 것이고 이때 손바닥은 커뮤니케이션의 상대자를 향한다. 그 외에 K와 V라는 두 기호는 거의 구분되지 않는다.

그러나 농아들이 자기들끼리 의사소통을 할 때 알파벳을 순서대로 수화로 표현하여 신호를 주는 것이 아니다. 알파벳을 하나하나 불러주어야 할 일이 있을 때에만 그렇게 한다. 수화는 음성언어와 거의 동급으로 문법, 통사론, 의미론을 갖춘 고도로 발달한 커뮤니케이션 시스템이라 할 수 있다. 사람들은 수화로 구체적이든 추상적이든, 일상어든 시어든, 철학적 분석이든 사랑의 고백이든 모든 것을 진달할 수 있다. 수화는 단지 소리를 듣지 못하는 사람들을 위한 보조도구만이 아니다. 그러나 수화는 음성언어만큼 역사가 오래되지는 않았고 매우 복잡다단한 과거사를 가지고 있다.

수화의 발달

사람들은 18세기까지 농아들은 교육을 받을 수 없다고 생각했다. 사람들은 이들이 듣기만 못하는 것이 아니라 멍청하다고 생각한 것이다. 말을 할 수 없는 사람은 생각을 할 수 없다는 것이 당시 사회의 인식이었다. 사람들은 농아를 바보로 여겼고 법률상으로 권리를 인정하지 않았다. 심지어 결혼조차도 허용하지 않았다.

그러나 오늘날 선구자로 칭송받는 프랑스의 신부 애브 드 르페(Abbe de l'Eepee)는 18세기에 파리의 무연고 농아들이 매우 간단한, 자기들 스스로 발명한 수화를 사용하는 것을 발견했다. 그는 이 수화를 자세히 조사해보고는 곧 몸짓이 음성언어와 유사하게 사람의 생각을 표현할 수 있음을 알게 되었다. 그리고 르페는 청각 장애 어린이들에게 프랑스어 문어를 가르치기 위하여 기호체계를 발명해냈다. 이것은 어린아이들이 사용하는 자연적 기호들에 프랑스어 문법의 관사와 시제들을 모방하여 본인이 새로 고안해낸 특수 기호들을 합친 것이었다.

르페가 이 일을 하게 된 것은 농아들이 신의 말씀을 듣지 못하고 살다가 죽어야 한다는, 그로서는 참아내기 어려운 사실 때문만은 아니었다. 그를 매료시킨 것은 농아들의 몸짓에서 국

경 없이 세계 모두를 보듬을 수 있는 보편 언어를 발견했다는 생각이었다. 그러나 이것은 오류로 밝혀졌다. 수화를 잘 모르는 사람들이 오늘날에도 빠져들기 쉬운 오류이다. 구어와 마찬가지로 현재 나라마다 수화가 존재하는데 미국, 영국, 프랑스, 독일, 덴마크, 중국, 일본, 유고와 그 외 나라마다 수화가 다 다르다.

농아의 언어로 조합된 몸짓은 부분적으로는 무언극에서 나온 것인데 이는 또한 보통 사람들도 동일한 언어를 사용하지 않는 상황이라면 자연스럽게 사용하는 언어이다. 이러한 몸짓들은 계속 사용하면서 점차 표준화되고 관습화된다. 그중 많은 것은 표의 문자처럼 시각적으로 모방하는 특성이 있는데 그렇다고 해서 수많은 수화의 기호들이 같다거나 혹은 유사하다는 것을 의미하는 것은 아니다.

"나무"라는 기호의 예를 들어보자. 이 장의 처음에 나오는 두 번째 그림은 덴마크 수화로 나무를 보여준다. 우선 두 손으로 대칭적으로 나뭇가지의 대략 모양을 둥글게 묘사하고 그 다음으로 평평한 손을 나란히 앞뒤로 움직임으로써 나무의 기둥을 묘사하였다. 독일 수화나 미국 수화에서 나무는 그림처럼 묘사되지만 덴마크 수화에서는 오른팔 팔꿈치를 구부려 평평한 왼쪽 손바닥의 위에 놓고 오른손을 죽 뻗어 마치 바람 속의 나뭇가지처럼 이리저리 움직인다. 중국의 수화에서는 나무의 기둥을 두 손의 엄지손가락과 검지손가락을 아래에서 위로 뻗어 대칭적으로 올라가게 만든다.

수화를 모르는 사람에게 이러한 기호들 중 하나를 보여주고 의미를 말해주면 기호와 의미 사이의 관계에 대체로 수긍을 한다. 그러나 기호만 보여주면 대체로 의미를 알아 맞출 수가 없다. 비록 이 기호가 사물을 모방한 듯 보인다 해도 말이다. 교통신호에서처럼 사람들은 이 기호가 무슨 뜻인지를 이미 알고 있어야 한다.

수화가 자리를 잡기 위해서는 그 전에 수많은 장애요인들이 제거되었어야 했다. 18세기에 프랑스 국민의회는 농아에게도 시민권을 부여했고 농아 학교가 점점 더 많이 생겨났지만 1880년에도 수화는 프랑스의 농아 어린이 교육에서 무시되었다. 이 어린이들은 사회 적응을 위해 처음부터 말하는 법과 입술을 읽는 법을 배워야 했다. 1991년에 가서야 이러한 멍청한 짓거리가 중단되었다.

오랫동안 수화는 공식적으로 언어로 간주되지 않고 일종의 치료요법으로 여겨졌다. 이것은 프랑스에서 많은 농아 학교가 교육부가 아니라 복지부 관할이라는 데에서도 드러난다. 1990년대 말에 가서야 프랑스의 윤리위원회는 수화 교육을 인정했지만 달팽이관 이식수술을 받은 어린이들만 대상이었다. 이 이식수술은 외부에 휴대가능한 마이크와 언어 프로세서를 장착한 인공달팽이관을 내이 깊숙이 시술하는 것인데 이 기구는 청각신경에 바로 작용하는 감각 보조도구이다.

독일과 여타 많은 나라들에게서는 최신식 청각 관련 기술로 청각이 다소라도 남아 있으면 이를 보조해서 “정상”인으로 만들 수 있었다. 그러나 이것은 위험한 발상인데 농아들은 스스로를 정상인이라고 생각하기 때문이다. 그래서 많은 청각 장애인 부부들은 그들의 아이들이 "정상"일까봐, 즉 농아로 태어나 부모처럼 될까봐 걱정을 한다는 신뢰할만한 보고서가 나와 있다. 비농아인은 상상하기 힘들겠지만 태어날 때부터 듣지 못하는 많은 사람들이나 혹은 아주 일찍 청각을 잃은 사람들은 스스로를 장애인이라고 생각하지 않는다. 그들은 자신들의 소리 없는 세계에 적응해 살고 있고 수화를 마치 모국어인 양 사랑한다. 스웨덴, 오스트리아, 스위스가 수화를 소수자 언어로 공식적으로 인정한 후 한참이 지난 뒤에 독일에서 장애를 가진 사람의 동등권을 위한 법(약칭 "장애인동등법")이 2002년 발효되었고 드디어 수화는 관청의 공식적 인정과 권리를 보장받게 되었다.

기호와 사상

이미 16세기에 의사이자 철학자였던 제롬 카르당(Jérôme Cardan)은 농아에게 읽고 쓰는 법을 가르칠 수 있는 가능성에 대해 보고하였다. 음성언어의 단어들처럼 쓰여진 기호들 역시 그 단어를 말하는 중간단계를 거치지 않고도 의미의 내용을 상징화할 수 있고 사고와 결합시킬 수 있다는 것이다.

언어학 중에서도 기호학(그리스어 *semeion*, 기호, 특징이란 뜻)은 음성언어와 글, 그리고 농아의 수화를 포함하는 기호 시스템의 구조와 메시지 기능을 나룬다. 기호들은 의미내용 그 자체가 아니라 의미를 대표하는 것이고(기표), 커뮤니케이션에서 사고를 전달하기 위해 사용된다. 말이나 글로 전달된 "금방 잡은 싱싱한 새우 있어요"라는 메시지에서와 마찬가지로 수화로 전달된 나무라는 기호도 그러하다. 기표와 기의 사이의 관계는 생각을 통해서 만들어져야 하는 것이다. 기표와 기의를 연결하는 사고라는 우회로를 통해 관계를 맺는 이러한 간접적인 연관관계는 아래 그림과 같이 "기호학 삼각형"으로 고찰할 수 있다.

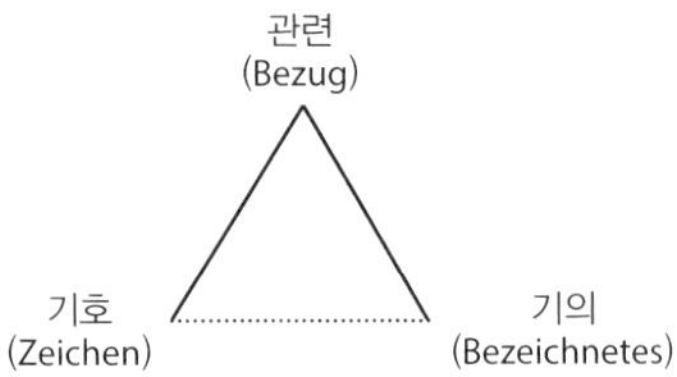

만약 기표와 기의가 오로지 사고의 관련을 통해서만 연결이 된다면 사람들은 관습을 통하여(이러한 기호를 "상징"이라 부르자) 기호가 말하는 바를 알아야 한다. 이러한 기표는 의미내용을 대변하지만 기호화된 대상과 눈에 보이는 직접적인 공통점은 없다. 그러나 사고 속에서 이 단어를 기의 대신 사용할 수 있다.

9장 「단어들과 문장들」에서 통사구조를 갖춘 단어 상징들이 말뿐만 아니라 사고를 위해서 그리고 깊은 성찰에 이르기까지 어떠한 방식으로 중요한 역할을 하는지는 이미 설명한 적이 있다. 그래서 신부이자 철학자였던 애브 시카르(Abbé

Sicard)—이미 앞서 이야기했던 애브 드 르페와 동시대인인데—완전히 언어 없이 성장한 농아는 생각을 고정시키고 연결하기 위한 어떠한 상징도 갖고 있지 않다고 가정했다. 그 때문에 그는 농아들이 지적 능력이 부족하다고 본 것이다.

지능을 발전시키기 위해서는 "사고 기호", 즉 상징이 필요하다. 오늘날에는 이에 대해 이론의 여지가 없다. 그러나 상징들은 음성언어로만 정착된 것은 아니고 또한 이미 말한 것처럼 농아들이 비농아에 비해 지식이나 지능이 뒤떨어지지 않는다는 것은 따로 말할 필요도 없이 자명하다. 부모가 수화를 사용하는 농아인 아이들은 6개월 정도에 이미 첫 번째 수화 몸짓을 하고 15개월이 되면 이미 상당한 수의 수화 어휘를 구사할 수 있게 된다. 들을 수 있는 아이들이 음성언어의 문법을 익히듯이 수화의 문법은 유사한 나이에 유사한 발전 과정을 거친다.

언어학자들은 그동안 수화가 음성언어와 마찬가지로 자연언어임을 밝혀냈다. 수화는 음성언어와 유사한, 그러나 동일하지는 않은 문법구조를 가지고 있다. 예를 들어 독일어 음성언어와 달리 독일어 수화는 동사를 문장의 맨 끝에 보여준다. 즉 사람들은 "이것은 얼마예요 가격이?"라고 묻는 것이 아니라 "이것은 가격이 얼마예요?"라고 묻는 것이다(독일어 의문문에서는 동사가 두 번째 자리에 나오는데 수화에서는 서술문이나 의문문이나 똑같이 동사가 문장의 맨 끝에 놓인다: 역자주). 청각 능력이 조금 남아 있어서 이중언어(수화와 음성언어) 환경에서 성장한 청각 장애 어린이들은 이러한 차이 때문에 처음에는 두 언어 보두에서 문법적으로 불확실하게 표현을 하는데 이는 두 음성언어(이중언어) 환경에서 성장한 어린아이들에게서와 같은 경우라 할 수 있다. 그러나 그들은 이들의 이중언어 환경 속에서 언어들이 서로 보완해주고 서로 날개를 달아준다는 장점을 금방 체험하게 된다.

수화는 어떻게 기능하는가?

수화는 시각적 언어이다. 더 정확하게 말하면 시각동작적 언어이다. 왜냐하면 어떤 메시지의 수신자가 눈으로(시각적으로) 감지하는 것은 발신자에 의하여 시각적 신체운동으로 표시되기 때문이다. 이것은 이미 농아 사이에서 접촉을 시작할 때에 볼 수 있다. 커뮤니케이션 상대자에게 "말을 걸기 위해서는" 일단 상대자의 시야범위 안에 들어가 머리를 앞으로 내밀고 시각 메시지를 주고자 주의를 끌기 위해서 그를 뚫어지게 바라본다. 그 다음에야 대화가 시작된다.

메시지 자체는 두 손의 정해진 움직임으로 전달할 수 있지만 시선, 얼굴표정이나 입이나 신체의 움직임을 통해서도 가능하다. 특히 중요한 것은 표정이다. 이는—말로 할 때와 마찬가지로 강조만 제외하고—주문장과 부문장을 구분하기 위해서, 그리고 서술문과 의문문을 구분하기 위해서 "문장표정"으로 사용되기 때문이다.

손의 움직임은 정해진 공간에서 말하기 이전에 표현될 수 있다. 그 안에 메시지의 "단어들"이 담기고 통사론 규칙들의 보조를 받아 문장이 만들어진다. 문장은 이미 말해진 기호들의 순서이고 더 중요한 것은 문장의 해석을 가능하게 하는 수화 공간에서의 배치이다. 대부분의 대상들에게는 수화 사전에 등재되어 있는 표준 기호가 있다. 이 어휘들은 (앞 절의 "나무"기호 예에서 설명한 것처럼) 각 나라의 수화들에서 모두 다르다. 문장구조의 법칙 역시 다 다르다.

"고양이가 차 안에 있다"라는 예문을 수화에서는 어떤 순서로 표현할 수 있는지 설명해보자. 프랑스어 수화로 예를 들도록 하겠다. 왜냐하면 이 수화가 따라하기 편하기 때문이다. 1) 두 손을 들고 우선 "자동차"라는 어휘를 표시한다(두 손을 짧게 서로 엇갈리게 위아래로 자동차 불이 번쩍하는 것처럼 움직인다). 2) 아래로 향한 왼손은 아직도 "자동차"를 뜻하고 있는 반면 들어 올린 오른손으로 큰 알파벳 C 모양을 만들어 자동차가 이 수화 공간 안에 있도록 한다. 이 C 형태는 자동차를 상자라고 보여준다. 그 안이 중요하다는 것을 전달하기 위해서이다. 3) 이제 다시 들어 올린 왼손으로 "고양이"를 표시한다(고양이 수염을 암시한다). 그동안 오른손은 자동차의 위치를 수화 공간에서 똑바로 유지하고 있다. 4) 왼손(즉 "고양이")은 C자, 즉 "자동차" 상자로 옮겨진다. 이제 고양이는 자동차 안에 있다.

일상생활에서 수화를 사용할 때 항상 표준어만 사용하는 것은 아니다. 때로 기호를 그 자리에서 만들어낼 수도 있는데 전체 상황을 보면 이해가 된다. 예를 들어 프랑스의 수화 연구자는 "고양이가 나무 위로 기어올라간다"라는 문장에서 수화자가 고양이의 입장을 취해 기어올라가는 동작을 무언극으로 표현하는 것을 관찰한 적이 있다. 그때 사람들은 두 손으로 고양이의 발톱을 암시한다. 여기에서는 수화의 상징과 표의적 기호들이 서로 뒤섞이게 된다. 수화 사용자들은 이를 분명 다 다르게 표현하고 연구자들이 많은 비디오 예에서 이를 확인하였다. 즉, 표현에 있어서 자유가 있음을 의미하는 것이다.

몸짓이나 수화는 어떻게 기록하는가?

독자가 이 글을 여기까지 읽었으면 혹시 몸짓을 글로 기록할 수 있을까라고 이미 질문을 던졌을 수도 있다. 그렇지 않다면 사람들이 어떻게 수화 사전을 만들 수 있었겠는가? 물론 농아들은 듣거나 말을 하지 않고도 문장의 기호들을 수화와 연관지을 수 있고 많은 농아들이 읽고 쓰는 법을 배웠다(그래서 내가 농아들과 예를 들어 이메일을 주고받을 수 있는 것이다). 몸짓들 자체를 사전에 등재하려면 이에 대한 특별한 표기법이 필요하다. 첫발을 뗀 사람은 언어학자 윌리엄 스토코우(William Stokoe)라 할 수 있는데 1950년대 중반에 미국의 갈로데 대학, 즉 청각 장애인을 위한 대학에서 그 작업을 해냈다.

스토코우가 한 작업은 수화가 진짜 언어의 언어학적 특징들, 즉 어휘와 통사론을 만족시킨다는 사실을 입증하는 데 중요한 기반을 놓았다. 그는 미국 수화언어의 몸짓이 모두 근본적으로는 세 부분으로, 다시 말해 손의 위치, 공간적 위치와 움직임으로 이루어졌음을 보여주었다. 즉 이는 음성언어의 음소와 비교할 수 있는데, 여기에서 수화들 하나하나는 "단어"로서 서로 조합될 수 있는 것이다. 1960년대에 출판된 그의 책 『수화의 구조(Sign Language Structure)』에서 스토코우는 19개의 상이한 손 위치와 공간에서의 12가지 위치, 그리고 24가지 운동의 종류들을 기술하고 이를 위한 표기법을 발명했다. 여기에 근거해서 그는 5년 뒤에 두 농아 동료와 함께 미국 수화 사전을 출판했다.

스토코우 표기법은 오늘날까지 사용되고 있지만 그보다 더 유능한 후계자가 나타났다. 유럽에서 이른바 함부르크 표기법 시스템 즉 "함노시스(HamNoSys)"가 더 널리 확산된 것이다. 그것은 함부르크 대학의 수화언어연구소에서 개발된 것이다. 그러나 함노시스는 독일어만을 위해 만들어진 수화표기법은 아니고 예를 들어 영국과 네덜란드 수화에도 사용되었다. 구어의 음성 알파벳과 유사하게 함노시스는 150개 이상의 기호를 사용하고 있고 이 기호가 신체행동을 기술하여 수화가 만들어진다.

사람들은 함노시스를 가지고 어떤 임의의 몸짓도 표기할 수 있다. 모든 몸짓이나 수화는 구성요소로 분해할 수 있는데 한 손이나 두 손의 몸통에 대한 위치나 방향, 손의 형태, 움직임이다. 이 요소들은 그 의미가 아니라 외부에서 보이는 형태로 묘사되었다. 잘 알려진 "새 가리키기" 몸짓은 "검지를 관자놀이를 향하고 앞뒤로 움직이다"라고 표기되어 있다(이는 상황에 따라 다양한 의미를 가질 수 있다. 예를 들어 "너 돌았니", 혹은

"여기가 아파요, 의사선생님" 등이다)(예를 들어 독일에서 운전자가 상식에 어긋나는 행동을 하는 다른 운전자를 보면 손가락으로 상대방의 이마를 가리키는데, 이는 원래 독일어로 "새가 있니?"라는 뜻으로, 비유적으로는 너 정신이 나갔니라는 뜻을 가졌다: 역자주). 함노시스 표기법은 아래와 같이 수화기호뿐만 아니라 오른손의 단순한 가리키는 몸짓도 보여줄 수 있다.

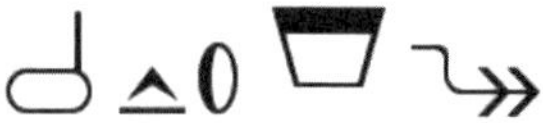

위 그림의 첫 번째 기호는 왼쪽부터 검지손가락을 뻗은 손을 보여준다(손바닥을 볼 때 보이는 대로이다). 두 번째 기호는 손이 위를 가리키는 것을 의미한다. 세 번째 기호는 (진하게 칠해진) 손바닥이 왼쪽을 가리키는 것을 의미한다. 네 번째 기호는 진하게 칠해진 어깨 부분이 있는 상체를 상징하고 다섯 번째 기호는 한 팔을 어깨 높이에서 완전히 뻗은 것을 뜻한다. 사람들은 이런 방식으로 자기 앞의 방향을 가리킬 수 있다.

함노시스 표기법이 있어 이제 기계 존재인 막스에게도 몸짓을 가르칠 수 있게 되었다. 가리키는 손짓뿐 아니라 원칙적으로 두 손과 두 팔로 만드는 몸짓 모두를 말이다. 마치 종이에 인쇄된 악보를 보고 음악을 연주하듯이 막스는 함노시스 기호들을 행동으로 보여줄 수 있다. 이를 더 정확하게 설명한다는 것은 이 책의 범위를 넘어서는 일이다.

13

몸이 같이 말한다

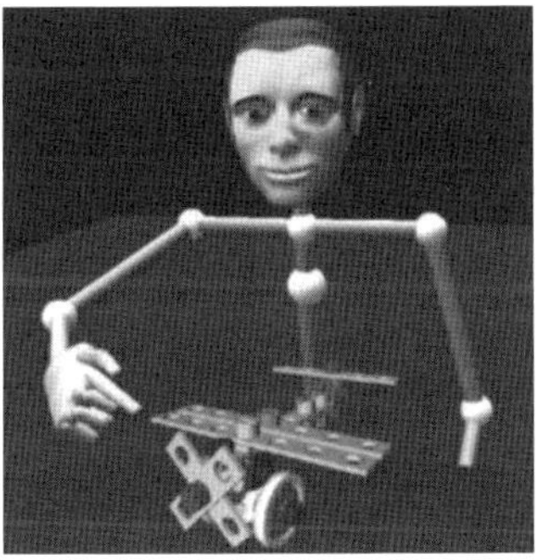

암스테르담에 있는 재즈 카페 알토. 두 남자 사이에 아주 매력적인 금발의 여자가 앉아 있다. 두 남자 중 더 나이 든 사람은 소위 킹카로서 쉽고 규칙적으로 여성의 주의를 자기에게로 향하게 만든다. 젊은 사람은 원래는 인상이 좀 더 좋은 편인데 소극적인 편이고 자기와 이야기하는 도중에 여성이 첫 번째 남사에게 조심스럽게 눈길을 보내는 것을 알아차리지 못한 듯 보인다. 아니면 모르는 척하고 싶어 한다. 그러나 그녀의 몸은 대체로 첫 번째 남자에게로 향해 있고 머리카락을 뒤로 쓰다듬으며 그쪽으로 기운다. 즉, 말 그대로 그에게 쏠려 있다.

이 사건이 젊은 남자에게 좋은 결과로 끝났다는 것은 여기에서는 별로 중요하지 않다. 이 사건은 거리가 다소 있고 재즈로 시끄러운 환경에서도 오로지 "신체언어"만으로 메시지를 전달할 수 있다는 관찰 예로서 중요하다. 신호의 유발자도 이에 대해 거의 눈치를 채지 못한다. 우리가 서 있거나 앉아 있을 때 우리가 말을 하거나 단지 듣기만 해도 몸이 "말하는 것이다".

우리는 대화하면서 몸의 자발적인 움직임들을 억제할 수 없고 몸의 자세도 또한 종종 말 없이 메시지를 전달한다. 우리가 집중해서 들을 때에는 몸을 앞으로 숙여 주의를 기울인다는 표시를 한다. 우리는 손을 턱이나 입 앞에 놓음으로써 놀라움이나 충격을 받았음을 표현한다. 우리는 뭔가를 주의 깊게 봄으로써 상대편의 주의를 그리로 돌린다. 우리는 고개를 가볍게 끄덕임으로써 우리가 열심히 듣고 있다는 것을 확인한다. 때로 우리는 환호하면서 두 손을 위로 뻗는다. 우리는 원래 아무 것도 말할 수 없거나 말하고 싶지 않았지만 머리를 슬프게 떨구거나 어깨를 움찔거림으로써 다른 사람들에게 의도적이든 아니든 간에 신호를 보내는 것이다.

움직임들이 무의식적으로 일어나는 한 몸은 거짓말을 거의 못한다. 음성언어와 달리 자의적인 신체언어는 아이러니도 접속법도 모른다. 신체언어는 상대편의 마음 상태와 인성에 대한 정직한 모습을 비춰주는 신호를 가장 먼저 전달한다. 이것은 오스트리아 빈의 행동연구자 칼 그라머(Karl Grammer)가 여러 연구들을 통해 입증했다. 그래서 머리카락을 뒤로 넘기며 만지는,

소위 '헤어 플립'은 소녀들이나 여성들이 가장 즐겨하는 몸짓이다. 남자들은 이러한 동작을 취하는 일이 드물다. 이러한 동작들은 무의식적으로 일어나고 그래서 속을 내보인다. 여성이 머리를 넘기면서 미소를 지으면, 그라머의 말에 따르면, 대화 상대자에게 관심이 있다는 신호이다. 이에 반해 머리를 넘기면서 진지한 표정을 지으면 별로 기회가 없다는 뜻인 것이다.

사람들이 살아 있는 존재의 "몸"이라는 말을 할 때에는 우선적으로 그 신체적 몸체와 구조를 이야기하는 것이다. 대체로 이것은 두 팔과 두 다리를 가진 몸을 뜻하고, 사람의 몸은 주변 환경과 구분하는 외피로 둘러싸여 있다. 그렇지만 우리의 감정에 따르면 몸은 우리의 피부가 몸을 감싸고 있는 그곳에서 정확히 끝나는 것이 아니다. 우리는 우리의 몸이 다른 사람의 몸과 거리가 있다는 분명한 느낌을 가지고 있고 이는 사회생활의 대화에서도 중요한 역할을 한다.

핵심은 거리

일상적인 상황 하나: 엘리베이터가 멈추고 새로운 승객이 더 타고 엘리베이터는 비좁아지고 방금 전까지 서로 대화를 나누었던 사람들도 말을 그치고 접촉도 없이 서 있다. 이러한 상황을 겪어보았는가? 비록 아는 사람들이라 하더라도 아무런 거리낌 없이 대화를 나누기 위해서는 어느 정도 거리가 필요한 것이다. 커뮤니케이션 연구에서는 이러한 현상을 "공간근접학(proxemics)"이라는 키워드로 다루고 있다.

공간근접학(라틴어 *proximare*, 즉 가까워지다라는 말에서 유래)은 1960년대에 미국의 인류학자 에드워드 T 홀(Edward T. Hall)이 창시한 학문분야이다. 홀은 커뮤니케이션에서의 공간관계를 연구했고 사람들이 친밀도가 다른 커뮤니케이션 형식에서 중요한 역할을 하는 거리감을 상이하게 느끼는 것을 입증할 수 있었다. 미국 사회를 대상으로 홀은 네 가지 영역을 설정했는데 공공 영역, 사회 상담 영역, 개인 영역과 친밀 영역이다. 북유럽 문화권에서도 이것은 유사하게 적용된다.

사람들이 공공 영역에서 청중에게 말을 걸 때에는 수 미터의 거리를 유지한다. 사회 상담 영역, 예를 들어 의사와의 상담대화에서는 약 1.5미터 정도의 예의를 지키는 거리가 적당하다고 여긴다. 개인 영역—약 50에서 150센티미터 정도 사이—에서는 커뮤니케이션 상대자와의 관계를 더 가깝게 유지하고 접촉을 할 수도 있다. 친밀 영역은 50센티미터 이하인데, 이에 들어가는 것은 아주 친할 때에만 가능하다. 이 관계에서 사람들은 속삭일 수도 있고 가벼운 신체 접촉도 가능하며 커뮤니케이션 상대자는 신체의 온기를 느낄 수 있고 냄새도 맡을 수 있다.

커뮤니케이션 참여자들은 어느 정도의 신체 거리를 유지하고 이 거리를 어떻게 변화시키는 것이 적당한지에 대해 대체로 무의식적으로 합의를 본다. 모든 문화는 이에 대한 불문의 거리 법칙을 가지고 있는데 문화적으로 상이한 규범 때문에 때로 혼동이 있기도 하다. 그것은 "구동독인"과 "구서독인" 사이에서의 친밀한 대화에서도 관찰된다. "구동독인"이—예의를 지키고자—대화를 나누며 30센티미터 정도의 거리로 접근하면 "구서독인"은 여기에 불편함을 느끼고—마찬가지로 예의를 지키고자—두 배의 거리를 유지하려 뒤로 물러선다(이때 물론 등 뒤에 계단이 있는 상황이면 안 되겠지만 말이다).

동물들에게도 그러한 거리가 있다. 다른 동물이나 사람이 접근하면 동물들은 주의와 경계 태도를 보여준다. 사람들이 고양이의 친밀 공간으로 들어서면 고양이는 조용히 멀어져 가고, 이 접근이 너무 빨리 일어나면 고양이는 뒤로 펄쩍 뛰어가든지 쉭쉭 거친 소리를 낸다.

움직이는 신체

첫째 발이 장애물을 만났을 때 다음 발들은 자동적으로 그 위로 들어올리는 돈벌레 같은 작은 동물이건 우아한 도약으로 창문틀을 넘어가는 고양이건 간에 우리는 그러한 신체 조절의 유연함을 보면 감탄을 금할 수 없다. 다른 동물들을 차치하고도 우리 스스로도 수많은 동작들을 아주 능숙하게 해낼 수 있다. 우리 두뇌의 복잡한 조정 시스템이 이를 해내는 것이다.

인간의 신체는 어깨의 절구공이 관절처럼 여러 방향으로 자유롭게 움직일 수 있는 148개의 관절을 가지고 있다. 또한 많은 관절들은 팔꿈치처럼 한 방향으로만 자유롭게 움직이는 관절도 있고 모두 합치면 244 관절가동역이 된다(관절가동역은 관절의 운동을 재기 위한 기준: 역자주). 그러나 대부분 관절의 경우 특성 한계 내에서만 움직임이 가능한데, 예를 들어 팔꿈치는 쭉 뻗는 것까지만 가능하다.

우리는 거의 늘 많은 관절을 동시적으로 그리고 조합을 이루어 움직인다. 우리가 어떤 물건을 가리키려면 어깨관절과 팔꿈치관절, 손목관절이 특정 방향으로 회전을 한다. 이들은 소위 "운동학적 사슬"로 연결되어 있다. 운동학(Kinematik. 그리스어로 운동을 뜻하는 *kinema*에서 유래)은 공간에서의 점들과 신체가 움직이는 것을 연구한다. 운동학적 사슬에서는 예를 들어 어떤 관절의 위치가 그 사슬에서 그 전에 놓인 관절에 영향을 받는가를 연구한다. 어깨의 회전이 그 아래에 놓인 팔 전체를 움직이는 것을 보면 이를 쉽게 실험해볼 수 있다. 그 외에 우리는 같은 장소를 가리키기 위해서도 팔을 여러 다양한 방식으로 움직일 수 있는데 그냥 가볍게 죽 뻗을 수도 있고 아주 그로테스크하게 돌릴 수도 있다. 사람들이 기어서 올라가거나 걸어가거나 팔과 손으로 무엇인가를 가리킬 때 우리의 관절을 움직이기 위해서 많은 근육들이 방향조절되어야 한다.

관절을 가진 막스의 몸

가상 존재 막스도 사람을 모방하여 만들어진 신체를 가지고 있는데 다양한 위치와 자세를 취할 수 있고 예를 들어 무엇을 가리킬 때에 우리가 잘 아는 방식으로 움직인다. 막스의 눈에 보이는 몸은 외피를 가지고 있다. 그의 움직임들은 보이지 않는 가상의 "뼈"와 관절로 이루어진 골격에 따라 이루어진다. 이에 대해 상상하도록 이 장의 처음에서 막스의 "그 속부분"을 그림으로 보여주었다.

막스 신체의 움직이는 구조("골격")는 사람과 마찬가지로 앞서 언급한 여러 운동학 사슬로 이루어져 있다. 간단히 말해서 103 관절가동역을 가지고 평균적인 성인의 운동가능성을 모방한다. 특히 몸짓을 취할 때 막스는 아주 "관절 움직임이 자유롭다". 즉, 어깨관절과 쇄골관절, 다섯 손가락을 가진 두 손, 각기 세 개의 관절로 만들어졌고 손바닥 쪽으로 접히는 엄지손가락은 자연스러운 움직임을 만들어준다. 그러나 어떻게 많은 부분들이 이렇게 움직이도록 조정할 수 있을까?

가상현실에서 막스 신체의 움직임들은 컴퓨터 애니메이션을 통해, 즉 신속하게 이어지는 "스냅사진"들에 의해 시뮬레이션된다. 우리는 생물들이 얼마나 자유자재로 움직이는지를 보면 그러한 움직임을 시뮬레이션으로 만드는 것이 쉽지 않다는 것을 금방 알 수 있다. 그래서 현대 영화에서는 사람들의 움직임을 먼저 기록한 다음 가상의 존재에게 옮긴다. 이러한 기술은 막스에게 적용시킬 수 없다. 막스는 미리 계획된 상황에서뿐만 아니라 독자적으로도 움직일 수 있어야 한다. 즉, 막스의 애니메이션은 실시간으로 계산되어야 한다. 그렇다면 어떻게 해야 할까?

당신은 아주 간단한, 가리키는 몸짓을 생각해보라. 예를 들어 모형 비행기를 보여주기 위해서 이 장의 시작 그림에서 막스가 한 것처럼 손과 팔을 특정방향으로 움직인다. 그때 필요한 부분운동들은 많은 근육들의 합주에 의해 조정되는 것이다.

이것을 우리 두뇌 속에 있는 중앙제어구조(소위 모터 프로그램)가 조정하는데, 배운 운동들을 기본적인 동작의 연속으로 조합한다. 가장 저차원에서는 참여하는 모든 관절들이 개별적으로 하나씩 조정된다.

이와 마찬가지로 위계질서를 갖춘 조정 시스템이 막스의 움직이는 골격을 조정한다. 어떤 움직임을 계획해 가장 고차원에서 목표라고 표현한다(예를 들어 "비행기를 가리켜라!"). 수행되어야 하는 움직임들의 조절은 단계적으로 세밀하게 조정된다. 그리고 마지막으로 개별적 운동 프로그램이 각 관절들을 조정하여, 그 결과 가리키는 운동자세가 나온다.

막스는 몸짓 사전을 내장하고 있는데 이로부터 전형적인 몸짓의 운동 순서를 불러올 수도 있고 상황에 맞추어 적응시킬 수도 있다. 사전에 근거해서 부분운동들은 운동 프로그램을 모두 자동적으로 생성한다. 막스의 "신체지능" 뒤에는 수많은 수학계산이 감추어져 있는데 이 계산 덕에 움직임의 세밀한 계획까지도 언어를 합성해 말하면서 "나사를 틀에 끼워라!"에서와 같은 조정을 할 수 있다. 그의 관절이 있는 몸은 언어를 몸짓으로 보강해준다. 그의 신체가 "같이 말하는 것이다".

그러면 이러한 것들은 막스의 느낄 수 있는 몸과는 어떤 관계에 있을까? 그의 컴퓨터그래픽으로 애니메이션화한 몸은 만질 수 없고, 이러한 관점에서는 몸이 없다고 할 수 있다. 막스와 마주치는 사람은 그럼에도 막스가 "보통 거리"까지 다가오고 그가 이러한 거리를 더 좁혀오면 바로 뒤로 물러서려는 충

동까지 느낀다. 막스도 똑같이 운동 센서, 즉 몸 감지기를 가지고 있다. 그것으로 그는 가까움이나 접근해옴을 느낄 수 있다. 사람의 손과 막스의 컴퓨터 애니메이션 손이 가상의 세계에서 만나는 순간 불꽃이 번쩍 튀고 짝 소리를 낸다.

그러나 사람들은 막스의 몸의 존재를 다른 방식으로도 느낄 수 있다. 막스가 어떤 사람을 열심히 보고 그 사람은 막스에게 가상의 물건을 가리키며 "이 부분을 저기 뒤에 맞춰"라고 말한다. 막스와 커뮤니케이션을 하는 사람은 이 가리키고 말하는 것을 아주 자연스럽게 한다. 여기에서 신체언어가 얼마나 실용적이고 자명한가가 드러난다. 신체언어의 도움으로 말을 하는 사람은 다의성이라는 애매모호함을 없앨 수 있다. 내가 막스에게 "왼쪽"이라고 말하고 나서 나는 분명하게 하기 위해 나로부터 왼쪽이라고 보여줄 수 있다. 그러면 막스는 바로 그의 왼쪽이 아니라 나의 왼쪽을 말한 것이라는 것을 이해한다. 그는 말한 문장과 몸짓을 동시에 해석하고 생성하면서 우리 사람들처럼 다모듈로 움직이고 있다. 그것은 커뮤니케이션을 엄청나게 단순화시켜준다. 어쨌든 우리가 막스를 재즈클럽에 보낼 수 있기까지는 시간이 조금 더 필요하다.

14

몸짓으로 말한다

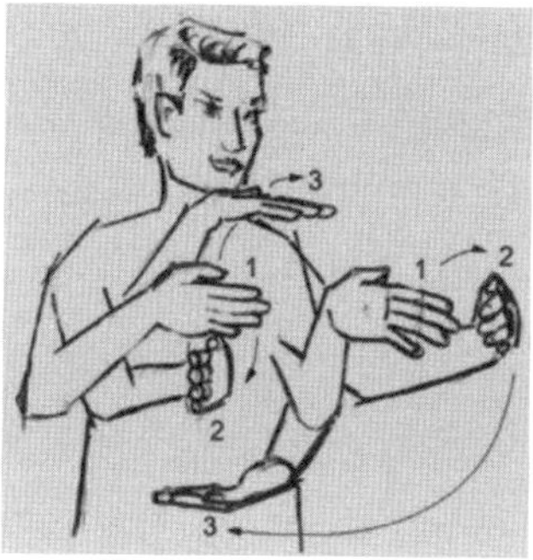

"그것은 이만큼 큰 상자에 들어 있었는데요"라고 손님은 약사에게 이름을 잊어버린 약 이야기를 하고는 이어서 그 단어를 입으로 분명히 말하기도 전에 사각형 상자의 크기를 두 손으로 허공에 그렸다.

몸짓과 언어가 어떻게 서로 연결되어 있는지는 이 짧은 에피소드뿐 아니라 위 오른쪽 사진의 벨기에 작가 라인하우드 하제(Reinhoud d'Haese)의 〈이야기꾼(The Storyteller)〉 조각이 더 큰 손으로 보여주고 있다. 전에 나는 아일랜드의 클레어 지방에서 온 에드먼드 레니한(Edmund Lenihan)이라는 이야기꾼이 말하는 것을 실제로 본 적이 있다. 이야기꾼이 말에 맞추어 공간을 휘휘 젓는 몸짓을 하면서 우리의 머릿속에 이미지들을 마술처럼 만들어내는 것은 듣는 사람들로서는 아주 깊이 새겨지는 경험이었다. 사람들이 몰려든 비좁은 맥주집에서 이 몸짓은 우리로 하여금 큰 새의 등에 타고 날아가는 내용에 완전히 몰입하게 만들어 같이 체험하게 해주었다.

몸짓은 표현 잠재력이 크기 때문에 비언어적 커뮤니케이션 연구에 있어서 특별히 흥미로운 주제로 간주된다. 쉽게 말해서 몸짓은 어떤 형식을 취하고 있든 의미 있는 정보를 전달하는 몸의 움직임을 말한다. 이때 대체로 두 팔과 두 손을 주로 관찰하고 신체의 자세와 표정은 거의 다루지 않는다. 이 점은 12장에서 다룬 농아들의 손짓, 혹은 수화와 다르다.

넓게 보면 몸짓은 종종 전달하려는 의도 없이도 일어나는 신체운동으로 분류된다. 예를 들어 사람들은 아무 생각 없이 머리를 긁거나 옷매무새를 다듬는다. 물론 이러한 행동들도 의미 있는 정보들을 전달함은 이전 장에서 이미 다루었다. 이 장에서는 말과의 연관관계 속에서 생성된 몸짓표현에 대해 다루고자 한다. 이는 어떤 사람이 꼭 의도적으로 특정한 몸짓을 취한다는 것을 의미하지는 않는다. 몸짓들은 대체로 저절로 일어나고 무의식적으로 일어나는 일이 더 많으며 뭔가를 언어로 전달하고자 할 때 같이 일어난다. 예를 들어 앞에서 언급한 약상자에서처럼, 혹은 예를 들어 옛날 건축물의 회전계단이 무엇인지를 설명할 때처럼 말이다. 그럼에도 불구하고 특정 상황에서는 몸짓들이 의도적으로 계획하여 일어날 수 있다. 예를 들어 춤이나 발레 무언극 같은 예술적 맥락에서 몸으로 표현을 할 때 그러하다. 또한 고대로부터 있어왔던, 성공하는 연설가를 위한 실용 지침서 등에서 가르치는 수사적 몸짓들도 그러하다. 의도적으로 조절된 행동은 종종 자연스럽지 않은 인상을 주는데 예를 들어 정치가의 연설에서는 몸짓이 진정성이 없다는 느낌을 주기도 한다.

우리가 자연스럽게 일어나는 몸짓 커뮤니케이션을 보다 자세하게 관찰하기에 앞서 기호의 본질, 생성과 사용에 대하여 연구하는 학문인 기호학이라는 학문을 잠시만 살펴보고 지나가자. 기호학의 창시자 중 한 명인 미국의 찰스 샌더스 퍼스(Charles Sanders Peirce)는 19세기 말경에 기호 유형을 세 가지로 구분하자고 제안하였다. 즉 상징(symbol)과 지표(index), 도상(icon)으로 말이다.

상징적 기호는 의미에 정통한 사람만 이해한다. 상징적 몸짓은 대체로 언어에 직접적으로 대응되는데 이는 엄지손가락과 새끼손가락을 뻗은 채로 손을 입과 귀에 대는 "전화하다" 같은, 이미 오래전부터 통용되는 기호를 말한다. 지표적 기호는 예를 들어 검지손가락을 뻗어 가리키는 몸짓을 말한다. 영어에서는 때문에 이 검지손가락을 지표 손가락이라고 부른다. 진열장의 빵을 고를 때처럼 이 가리킴을 받은 사람은 정확하게 무엇을 가리키고 있는지 주의를 기울여 잘 보아야 한다. 이와 달리 도상적 기호는 가리키는 것과 유사한 이미지를 가지고 의미를 전달하는데, 예를 들어 이 장의 시작에서 말한 상자 몸짓 같은 것이다. 이것의 전제조건은 발신자와 수신자 모두 생각으로 기표와 기의를 연결시킬 비교 능력을 갖추고 있어야 한다는 것이다. 위에서 등장하는 약사는 분명히 이것을 할 수 있었다. 약사는 가게의 탁자 위에 놓인 바로 그 약통을 가리키면서 "이런 상자 말씀이시지요"라고 말했고, 더 나아가 유사한 아이콘 몸짓을 써서까지 대답을 했기 때문이다.

생각의 창문

"소리 없이" 언어표현에 동반되는 몸짓을 거리를 두고 관찰하면 도대체 대화의 대상이 무엇인지 거의 알아맞힐 수가 없다. 언어가 있는 상황에서만 이 자연스러운 몸짓은 말하는 사람의 생각으로부터 많은 양의 정보를 계속적으로 누출한다. 이는 표정처럼 사람의 가장 속에 담긴 생각과 느낌을 비추어주는 것은 아니지만 자기만의 방식으로 의도된 의미를 전달하는 데 기여한다.

많은 연구자들은 오늘날 몸짓은 더 이상 커뮤니케이션의 단순한 보조도구가 아니라는 것을 기정사실로 하고 있다. 몸짓은 오랫동안 계속 존재해왔고 아마도 그렇기 때문에 아주 소수의 학자들에 의해서만 상세히 조사되었다. 이것은 1990년에 들어서 결정적으로 변환의 국면을 맞이했는데 무엇보다도 미국 시카고 대학의 심리 언어학자 데이비드 맥닐(David McNeill)

이 한 파급효과가 큰 연구 덕이다. 그에게 몸짓이란 "생각의 창문"이다. 그 이후로 많은 연구들이 몸이 어떻게 언어로 전달하고자 하는 것에 결정적으로 영향을 미치고 강도를 더 날카롭게 혹은 둔하게 만들거나 심지어는 반박하고 있는가를 보여주었다.

맥닐은 이때 몸짓과 언어는 서로 떼려야 뗄 수 없는 합일을 이루고 바탕에는 공통의 인지 과정이 놓여 있다는 입장을 취했다. 이에 대한 증거를 우리는 일상생활에서 찾을 수 있다. 대부분의 사람들은 두 손과 팔 없이 장시간 커뮤니케이션 하는 데 크게 불편함을 느낀다. 적어도 우리가 뭔가를 설명하고자 하면 저절로 몸짓이 일어나는데 대부분은 언어에 "부수적으로" 따라온다. 우리는 두 손으로 복잡한 공간 관계들과 길의 생김새 혹은 물건의 형태 등을 묘사한다. 우리는 대화 상대편에게 어떤 지도 전체를 공중에 그려줄 수 있는데, 예를 들어 우리는 동물원을 가로질러 산책하는 길을 묘사할 수 있다. 우리의 몸짓은 중요한 정보 채널로서 기능하는 것이다.

부수적 몸짓에서 언어에 동반되는 신체 운동은 완전히 의식적으로 이루어질 수도 있다. 예를 들어 사람들이 "이만큼 크다"라고 이야기하면서 두 손으로 길이나 높이를 보여줄 때 그러하다. 그렇지만 대부분 부수적 몸짓은 무의식적이고 자발적이고 자동적으로 일어난다. 전화에서처럼 상대편이 눈에 보이지 않을 때에도 그러하다.

커뮤니케이션 상애에 대한 신경학적 연구결과들도 언어와

몸짓 사이에 존재하는 명백한 연관관계를 보여준다. 사지의 특정한 운동 능력의 상실을 가져오는 두뇌 영역의 손상들만이 위의 부수적 몸짓에 부정적 영향을 미치는 것이 아니다. 오히려 말하거나 언어를 이해하는 능력의 상실을 뜻하는 실어증의 경우에 이 부수적 능력들은 더 큰 손실을 겪는다. 분명히 몸짓은 음성언어를 담당하는 두뇌 영역에 의해서 조정되는 것이다.

그 안에서 음성과 몸짓은 말하는 사람뿐 아니라 듣는 사람에게도 나란히 가까이 놓여 있다. 주의 깊게 듣는 사람은 상대방의 신체언어를 분명히 동시에 같이 해석한다. 오랫동안 이것은 간접적으로만 증명될 수 있었는데 예를 들어 실험대상자는 언어 몸짓 표현에서 어떤 정보를 읽어낼 수 있는지에 대한 질문을 받았었다. 이제 이에 대한 분명한 뇌과학자들의 연구결과들이 나와 있는데 예를 들어 미국 뉴욕 주의 해밀톤 소재 콜게이트 대학의 스펜서 켈리(Spencer Kelly), 코린나 크라비츠(Corinne Kravitz)와 마이클 홉킨스(Michael Hopkins) 같은 신경학자들이 2004년 수행한 연구가 그러하다.

연구자들은 사건 관련 전위(ERP)의 도움으로 몸짓의 의미기여에 관한 연구를 수행하였는데 10장에서 본 것과 같이 긍정적·부정적 결과로 생기는 두뇌전기신호의 특징을 연구한다. 우리는 두뇌가 어울리지 않고 기대하지 않았던 자극에 걸려 멈칫할 때 400밀리초 만에 나타나는 전형적인 부정적 정점인 N400 효과에 대해서는 이미 언급한 적이 있다. 실험대상자는 이때 뇌파(EEG)에 연결된 다음 다양한 자극을 가진 비디오필름을 보게 된다. 이 자극들은 전형적인 대화상황을 보여준다. 한 배우가 한 단어를 말하고 동시에 몸짓을 통해 어떤 사물의 특징을 보여준다. 이때 손의 움직임은 의미에 따라 단어에 맞출 수 있다. 예를 들어 "크다"라는 단어를 말하면서 몸짓으로 유리잔의 높이를 가리키는 식으로 말이다. 다른 상황에서 몸짓은 추가적인 정보들을 제공한다. "크다"에 대해 손가락들이 만든 몸짓은 예를 들어 "두께가 얇은 유리잔"에서 "얇은"을 의미할 수도 있다. 그 다음의 모순적인 장면에서는 "크다"를 "작은 대상"을 뜻하는 몸짓과 연결시킨다. 그리고 때로 행위자들은 아무런 몸짓을 안 취할 수도 있다. 이러한 통제 상황에서는 참여자들은 오로지 개념만을 듣는다.

위의 실험에서 조건에 따라 뇌 신호 속에 분명히 상이한 "대답들"이 생겨난다. 언어와 몸짓 사이에 의미의 모순들이 존재할 때 연구자들은 강한 부정적 흔적을 확인할 수 있다. 소위 N400 효과를 말이다. 사람들은 이 결과를 몸짓과 단어를 실제로 같이 처리한다는 사실로 해석한다. 몸짓의 의미는 단어의 해석 속에 포함되는 것이다.

손흔들기도 뜻이 있다

이러한 결과들은 아무런 몸짓이 없었던 위의 마지막 통제 상황에서 사건 관련 전위(ERP)가 그 어떤 비교할만한 부정적 결과를 보이지 않는다는 사실에 의해 뒷받침된다. 그리고 그 외에도 이 측정결과의 커브들은 손 움직임이 언어에 적합한지, 손 움직임이 언어를 보충하는지 아니면 언어와 모순되는지에 따라 구분이 된다. 스펜서 켈리와 동료들은 그 결과로 몸짓들은 의미 없는 손흔들기 이상이라고 추론하고 반대로 몸짓의 의미론적 내용은 두뇌에서의 단어 의미들의 처리에 기여한다고 주장한다.

어디에서 이러한 몸짓과 언어의 밀접한 연결이 나왔는지는 아직은 오로지 추측만 할 뿐이다. 이러한 연결의 기반은 아마도 언어의 기원 그 자체에 있을 것이다. 영장류들은 아주 다양한 몸짓의 레퍼토리를 가지고 있기 때문에—그래서 아기 침팬지들은 어미들에게 한 손을 편 채로 계속 들고서 먹이를 달라고 보채는데—사람도 몸짓을 언어보다 먼저 갖게 되었을 것이다. 괴팅엔의 독일영장류센터 신경동물학 분야 소장인 우베 위르겐스는 다른 동료들과 함께 사람에게 먼저 "소리 몸짓", 간단한 음들이 손 움직임이나 찡그리기처럼 비슷하게 사용되었을 것이라는 입장을 견지하고 있다. 단순한 의미를 전달하는 단위로 말이다.

음성 커뮤니케이션과 몸짓 커뮤니케이션이 밀접하게 관련되어 같이 발전하는 것은 어린 아이들에게도 발견된다. 이 능력이 일단 다 자라면 말과 동시에 이루어지는 이 몸짓 덕에 연구자들은 우리가 말을 할 동안에 생각하는 것을 들여다볼 수 있게 되었다. 언어에 동반되는 이러한 몸짓들은 변형들이 많기 때문에 데이비드 맥닐은 큰 반향을 불러온 그의 저서 『손과 마음: 몸짓은 생각에 대해 무엇을 밝혀주는가(Hand and Mind:

What Gestures Reveal about Thought)』에서 이를 네 가지 기본 유형으로 나누었다. 즉 지시적(deiktisch), 도상적(ikonisch), 은유적(metaphorisch) 제스처 및 "박동(Beats)"이다. 우리는 마지막의 박동은 이미 8장에서 몸짓 박자로 다룬 적이 있다. 언어 리듬에 밀접하게 연결되어 팔 부딪치기나 손 두드리기를 통해서 말해진 것에 시간의 구조를 부여하고 무슨 말을 했던지에 무관하게 한 말의 "추진력"을 강조해준다.

지시적 몸짓, 즉 가리키는 몸짓은 자주 "여기", "저기", "이것" 혹은 "나", "너" 등과 같은 단어들을 동반한다. 이때 뭔가 구체적인 것("이 빵들")을 보여주거나 아니면 생각한 것("이 경우에")을 가리키기도 한다. "나"라고 말한 사람은 자주 가볍게 편 손으로 자신의 가슴을 가리키기도 한다. 그리고 손으로 가슴을 가리키면—"나"라고 따로 말하지 않아도—사람들은 말하는 사람이 자기 자신을 가리킨다고 생각하는 것이다.

도상적 몸짓은 이 장의 시작 부분에 제시했던 상자를 묘사할 때처럼 공간과 관련을 맺을 수도 있다. 그렇지만 누군가 "영희가 고양이를 우산으로 내쫓아버렸다"라고 말하고 상상의 우산을 휘저을 때에는 사건과도 관련을 맺는다. 이때 몸짓은 그 불쌍한 동물이 어떻게 내쫓겼는가를 좀 더 자세히, 더 나아가 그 고양이가 왼쪽, 오른쪽으로 쫓겨 도망가는 것을 묘사해서 추가적인 정보를 줄 수도 있다.

두 손으로 주제를 옆으로 미루다

은유적 몸짓들은 외적으로 볼 때에는 아이콘 몸짓과 유사하고 그래서 추상적 사물과 관련을 지을 수 있다. 예를 들어 사람들이 "다음 주제는…"이라고 말하면서 두 손을 반쯤 벌리면 두 손은 대체로 보이지 않는 주제도 포괄한다. 말하는 사람이 공간적으로 관련을 맺음으로써 추상적 사물은 존재하는 것이 되고 파악 가능하게 된다. 그가 계속 "우리 이 주제를… 미루어 놓읍시다"라고 말하면 보이지 않는 대상은, 즉 방금 던져놓은 주제는 옆으로 미루어지는 것이다.

도상적 몸짓과 은유적 몸짓은 단어들처럼 인습화된 의미를 가질 수 있다. 예를 들어 상상으로 이마에서 손으로 땀을 닦아낸다고 생각해보라. 이 상황의 몸짓언어는 우리 문화권에서는 "이번에도 무사히 잘 끝났네!"라고 이해된다. 베를린의 기호학자 롤란트 포스너(Roland Posner)는 연구원들과 공동으로 독일의 일상의 몸짓을 담은 『베를린 몸짓 사전』을 편찬해냈다. 이 사전의 특징은 몸짓들이 어떻게 생겨났는지를 재구성해볼 수 있게 해주는 것이다. 포스너 스스로 이러한 예를 들고 있다. 우리가 마치 어떤 렌지 옆에서 화상을 입은 것처럼 두 손을 흔들면서 바깥 공기를 유입시키면 이것은 우리가 뭔가 잘못될 뻔한 일이 뜨거운 것과 상관이 있음을 전달하는 것이다. 이때 일상생활의 맥락, 즉 부엌에서 유래한 몸짓이 은유적으로 사용이 된 것이다.

이러한 인습화된 몸짓은 말을 하지 않아도 작동을 한다. 데

이비드 맥닐은 특히 자발적인 몸짓과 음성언어의 관계에 관심을 가졌다. 몸짓과 음성언어가 같은 생각으로부터 유래했을 수 있다는 것은 몸짓연구의 창시자인 영국인 애덤 켄돈(Adam Kendon)이 이미 1980년대에 추정했다. 그의 관찰에 따르면 부수적 몸짓—이마를 톡톡 치는 것같이 원래 의미를 전달하는—은 관련 단어를 말하기 직전에 혹은 늦어도 동시에 하게 된다. 무엇인가를 우산으로 쫓든지 혹은 주제를 미루어놓든지 등도 그러하다. 이때 청자는 시각적 지시를 동시에 받게 된다.

맥닐의 이론에 따르면 언어생성과 몸짓생성의 과정에는 마음이라는 공동의 근원이 있는데 거기에서는 언어 이전의 개념과 이미지 상상이 말하려고 하는 사상의 출발점을 이룬다. 데이비드 맥닐이 명명한 이러한 "성장점(Growth Point)"은 거의 "씨앗의 핵"을 보여주는데 한편으로는 단어들이나 문장들, 그리고 다른 한편으로는 의미를 전달하는 손 움직임이 성장해나온다.

이때 특정 의미구성 부분들을 어떻게 언어나 몸짓에 배분하는가에 따라 언어권을 구분할 수 있다. 스페인어 같은 로만어에서 길을 보여주는 제스처는 주로 행동과 연결되어 있다. 즉, 몸짓은 "그는 관 속을 기어갔다"에서 "기어갔다"를 말할 때 같이 행해진다. 이에 반해 독일어나 영어와 같은 게르만어에서는 행동의 장소—"그는 관 속을 기어갔다"에서 "관 속"—를 가리킬 때 두 손을 더 많이 사용한다.

맥닐은 언어들이 위와 같은 길-정보단위에서 언어와 몸짓을 어떻게 구성하는가에 따라 분명하게 구분된다고 이야기한다. 그의 박사과정 학생인 게일 스탬은 제2언어습득을 연구하고 있는데, 영어 말하기를 배우는 어떤 스페인 사람이 동시에 영어로 생각할 수 있는지를 확인하기 위해 맥닐의 이러한 관찰을 이용했다. 그 스페인 사람이 영어 단어 climb의 몸짓을 만들면 여전히 마음속으로 스페인어에서 영어로 번역한다고 추정된다. 반면 몸짓이 전치사 through에 자연스럽게 나타난다면 영어로 생각하는 이행 과정이 이미 일어났다고 간주할 수 있다.

말할 때의 생각

자발적인 몸짓이 보여주는 기호는 대화 상황의 맥락에 직접적으로 자리를 잡고 있어 참여한 커뮤니케이션 상대자에게만 무엇인가를 의미한다. 기호와 맥락은 진행되는 사회 상호행동에서 떼려야 뗄 수 없이 연결되어 있다. 몸짓 만들기의 방식에서 개인적인 차이가 크더라 하더라도(문화적 차이도 있는데 예를 들어 이탈리아 사람의 몸짓은 유창하고 영국 사람이나 노르웨이 사람보다 더 크다) 언어와 몸짓은 아주 밀접하게 연결되어 있는 것이다.

전에 언급한 이야기꾼 에드문트 레니한이 큰 새가 날아오르는 것을 묘사할 때 두 팔을 뒤에 놓고 젓는다면 이러한 몸짓은 화자와 청자가 공통으로 경험한 상황에서만 새의 출발이라는 의미를 갖게 된다. 몸짓은 이야기꾼의 생각의 세계에서 그 순간의 사건을 모방하고 청자들은 자기 내부의 눈앞에서 새가 날아오르는 것을 보게 된다. 몸짓으로 표현한 생각들은 우리

머릿속에 이에 상응하는 이미지를 만들고 우리 생각의 일부가 된다.

말하기, 생각하기, 몸짓하기 사이의 밀접한 연관관계는 오랫동안 음성언어생산이라는 주제를 연구해왔던 학자들도 역시 관심을 가졌다. 성공적인 모델로는 네덜란드 니메겐 소재 막스 플랑크 심리언어학연구소의 빌렘 레벨트(Willem Levelt)의 모델을 들 수 있다. 이에 따르면 뇌는 언어 정보를 세 단계로 생산한다. 첫 번째 단계에서는 뜻하는 바를 언어 이전의 정보로 기초작업한다. 즉 아직 언어로 표현되지 않은 생각인 것이다. 다음 단계에서는 이 생각에 대한 단어들을 찾고 문장을 만든다. 이 과정도 오로지 내부에서만 일어난다. 세 번째 단계에서야 발화기관이 작동을 해서 폐와 성대를 통해 원하는 말들을 생산해낸다.

레벨트의 제자인 얀-페터 드 루이터(Jan-Peter de Ruiter)는 몸짓도 이러한 모델 속에 집어넣었다. 그는 첫 번째 단계인 "구상하기"에서 이미 몸짓에 대한 이미지라는 전 단계가 형성된다고 가정한다. 그의 말에 따르면 두뇌는 몸짓 초안을 만든다는 것이다. 두 번째 단계에서는 이 초안에서 몸짓 계획이 나오는데 일종의 설계도라 할 수 있다. 세 번째 단계에서 이 설계도는 두뇌의 운동 프로그램으로 출력이 된다. 이 프로그램은 두 손과 두 팔이 이에 조응해서 움직이도록 유도한다.

이러한 모델은 왜 몸짓이 자기가 속한 말보다 더 먼저 표현되는지를 해명하고 있다. 말에서는 우선 단어들이 문장으로 조립되어야 하기 때문이다. "그녀가 찌른 우산"이라는 표현에 동반되는 손의 움직임은 아마도 먼저 우산을, 그 다음에는 찌르다 혹은 둘 다를 지원해줄 것이다. 그러나 "그녀가-찌른-우산"의 몸짓을 통사론으로 만들지 않는 것이다.

드 루이터는 언어와 몸짓의 상호 작용을 가르키는 제스처인 "저기 저것!"을 가지고 더 자세하게 조사했다. 그는 이야기를 하는 대화 참여자들의 말들을 받아 적었다. 이때 그는 언어가 몸짓에 적응하는 것은 분명하지만 그 반대, 즉 몸짓도 언어에 적응한다는 것을 발견했다. 그래서 그는 어떤 몸짓의 "시작"이 조금 길면—예를 들어 누군가가 저 위 아주 먼 곳을 가리키면—그에 상응하는 관련된 말도 지연이 됨을 관찰했다. 반대로의 적응, 즉 몸짓이 언어에 적응하는 것은 실험대상자가 말실수를 해서 말을 더듬거릴 때 특히 분명하게 나타난다. 이때 이미 준비하고 있었던 몸짓은 그 사이에 중단이 되고 다음 몸짓 수행이 있기를 기다리게 된다. 다시 말이 "술술 이어질 때"까지 말이다.

이 장에서 논의한 것들이 보여주는 것은 말을 할 때에 우리의 두 손은 입이나 두뇌만큼 중요하다는 것이다. 몸짓은 언어와 긴밀하게 연결되어 말로만 하는 것보다 대화 상대자의 사고와 생각을 훨씬 더 많이 드러내준다. 그렇기 때문에 로봇 연구자들도 되도록 인간 현실에 근접하는 파트너를 만들고 인공존재인 로봇에게 이러한 기술을 가르치기 위해 몸짓 연구에 대한 큰 관심을 보이고 있다.

15

인간과 동물 사이의 커뮤니케이션

"원숭이들이 기호언어를 배우면 예를 들어 자기들이 슬프다는 것을 사람에게 전달할 수 있을까?"

어떤 여대생이 위의 질문을 던졌는데 문제의 정곡을 찌르는 질문이라고 느꼈다. 만약 원숭이가 자기 자신을 표현하기 위해서 자신과 다른 종의 커뮤니케이션 양식, 예컨대 기호언어의 상징들을 사용한다면 이것은 그냥 우연한 표현은 아닌 것이다. 원숭이는 자신의 의지를 가지고 이 메시지를 전달한 것이고 다른 말로 한다면 이것은 의도된 커뮤니케이션인 것이다. 이 커뮤니케이션을 위해 원숭이는 우선 자신의 감정, 슬프다는 것을 알아야만 하고 더 나아가 이 메시지의 수신자가 이 감정을 이해할 수 있을 것을 기대한다. 그리고 이 생각을 끝까지 밀고 가본다면 원숭이는 이 메시지를 통해 자신에게 유리한 방향으로 인간의 행동에 영향을 주려고 시도할 수도 있는 것이다.

동물들이 인간들과 중요한 일에 대한 의견을 서로 교환할 수 있는지, 혹은 이를 위해 심지어 인간과 유사한 언어 상징을 사용할 수 있는지에 대해 이제까지 과학자들은 상반된 입장을 개진해왔다. 그와 무관하게 사람들의 소원 중 하나는 동물들과 의사소통하는 것이다. 집 안에서 기르는 고양이든 아니면 잘 조련된 사냥개든 말이다. 우리는 동물들을 우리의 인간사회공동체에 편입시키고 사람과의 접촉에서 보여주는 반응에 의미를 부여한다. 그러나 이 의미는 동물들에게는 아마도 맞지 않을 것이다. 우리는 또한 동물들의 말 속에서 그들의 감정을 알아차릴 수 있다고 믿는다. 그러나 우리에게 빗대어 추체험하는 감정표현의 의미들은 동물들에게 그렇게 간단하게 적용시킬 수는 없기 때문에 신중하게 접근하는 편이 좋을 것이다.

한 예로 원숭이의 다정해 보이는 미소를 생각해보자. 이는 동물들이 아무 소리를 내지 않고 이빨들로 보여주는 얼굴표정이다. 이 표정을 인간 위주로 해석했다는 비판을 고려해서 영장류 연구자들은 이를 중립적으로 "노출-치아-얼굴(silent bared-teeth face)"이라 부른다. 레수스 원숭이들을 대상으로는 이러한 표정을 지배행동에 대한 반응이라고 해석한다. 지위가 더 높은 원숭이가 접근하면 다른 원숭이는 "공포의 일그러짐"이라 불리고 복종의 몸짓으로 해석되는 얼굴표정을 짓는다. 그에 반해서 마카크 원숭이들은 누가 쓰다듬어주면 일그러진 표정을 보여주는데 이는 현재 편안하게 잘 지내고 있음을 나타낸다. 더 분명한 것은 보노보 원숭이들이다. 이 원숭이들의 찡그림은 만족하는 미소와 같은 것으로 간주하는데, 예를 들어 그들이 서로 얼굴을 마주보면서 짝짓기를 할 때 볼 수 있다.

이러한 많은 사실들을 보면 고등 동물들은 우리 인간과 유사하게 기분과 감정을 가지고 있고 이를 표현할 수 있음을 알 수 있다. 사실상 이들 동물의 두뇌는 유희를 할 때 인간의 두뇌처럼 몸에서 행복 호르몬을 분비하는 듯 보인다. 학자들은 포유류를 대상으로 기쁨이나 쾌락 같은 감정들을 처리하는 데 중요한 특정한 전달물질이 두뇌 속에 존재함을 입증할 수 있었다.

원숭이들도 얼굴에서 표정을 읽는다

인간과 원숭이가 비록 종족사로 보면 매우 가깝다 하더라도 얼굴표정의 사회적 기능들은 진화하면서 변모해온 것이다. 그래서 원숭이의 공포의 찡그림이 사람의 다정한 미소가 된 것이다. 동물에게서와 마찬가지로 사람에게도 이러한 신호를 알아보고 해석하는 것은 교제상대방에게 적절한 반응을 보일 수 있는 필수적인 전제조건이다. 원숭이들도 동족의 얼굴표정을 읽어낼 수 있을까?

미국의 조지아 주 애틀랜타에 있는 에르크 영장류연구센터에서 영장류 연구자 리사 파르(Lisa Parr)는 침팬지가 동족의 얼굴표정들을 이해할 수 있는지를 연구하였다. 예를 들어 우리 사람에게 이른바 원숭이의 거울 얼굴은 좋은 기분을 말해준다. 소리를 지르는 원숭이의 얼굴은 그에 반해서 신경질이 났거나 화가 난 것처럼 보인다. 원숭이들도 이런 얼굴표정을 구별할 수 있을까?

이를 밝혀내기 위하여 파르는 원숭이에게 동족들의 다양한 얼굴표정들을 모니터로 보여주었다. 그 이전에 원숭이들은 조이스틱을 사용하여 화면의 얼굴들을 분류하는 법을 배웠다. 원숭이들은 비슷한 얼굴표정들을 잘 알아본다는 것이 입증되었다. 원숭이는 이에 벗어나는 얼굴표정들은 분리하였다. "이것은 다른 것과 걸맞지 않는다"는 원칙에 따라서이다. 원숭이들은 기분이 좋으면 구르륵거리거나 불안하면 소리를 질러 얼굴표정에 걸맞는 원숭이들의 소리가 제공된 비디오 클립을 서로 걸맞지 않는 소리가 나오는 비디오 클립과 구분해낼 수 있었다.

리사 파르는 또 다른 실험에서 침팬지들이 동족들의 얼굴에서 실제로 감정표현들을 인식해낼 수 있는지 연구하였다. 원숭이들에게 주어진 과제는 원숭이 얼굴들의 다양한 사진들을 보고 감정적으로 긍정적으로 혹은 부정적으로 느껴지는 물건들의 사진과 대응시키는 것이었다. 침팬지들은 이러한 작업을 잘 해냈다. 편안한 얼굴에는 과일 사진을 매치시켰고 신경질적인 얼굴에는 주삿바늘 사진을 매치시켰기 때문이다. 이것은 리사 파르의 추측에 따르면 원숭이들이 얼굴표현의 감정적 의미를 이해한다는 것을 뜻한다.

신경질적인 혹은 편안한 표정의 원숭이들은 자신의 감정 상태에 대해 무엇인가 전달하고자 한다. 자신의 종들과 자신을 관찰하고 있는 사람에게 말이다. 그렇지만 이것은 우연적이고 무의식적인 메시지라 할 수 있다. 그럴수록 더욱 흥미로운 질문은 이 장의 처음 부분에서 던진 질문인데, 기호언어를 배운 원숭이가 과연 사람에게 의도적으로 무엇인가를 전달할 수 있는가이다. 이것은 첫째로 동물들이 그들의 감정에 대해 알고 있는가, 둘째로 이것을 의도적으로 표현했는가의 질문이라고 할 수 있다.

의식적 커뮤니케이션

적어도 감정과 관련해서 학자들은 많은 동물들이 "핵심의식(Kernbewusstsein)"을 가지고 있다고 이야기하는데 각 동물이 속한 진화의 단계가 높으면 높을수록 이러한 의식을 가지고 있다는 점이 더욱 분명하게 드러났다. 그래서 사람들은 개, 고양이, 원숭이는 고통이나 애무를 느끼기만 할 뿐 아니라 의식적으로 체험하는데, 즉 고통스러워하거나 혹은 즐긴다고 추측한다.

의도된 커뮤니케이션은 의식의 보다 고차원적인 형식이라 할 수 있다. 내가 한 발을 잘못 디뎌 접질리고 "아야"라고 소리를 지르면 이것은 아픔에 대한 무의식적 반응이다. 우연히 그 자리에 있었던 사람에게 내가 그럴 분명한 의도가 없었을지라도 그것은 무엇인가를 전달해준다. 그러나 내가 누군가에게

"발이 아프다"고 말로 하면 이것은 의식적인 커뮤니케이션이다. 이것은 다른 사람에게 나의 상태를 알리려는 의도에서 행해졌고 그가 나를 이해하고 나의 감정을 알 수 있다는 확신에서 이루어진 것이며 동정이나 도움을 바라는 소망이나 목적을 가지고 한 것이다. 이렇게 우리는 다른 사람들도 우리처럼 의도나 확신이나 소원이나 목표를 가지고 있다는 가정에서 출발한다. 사실상 우리는 이러한 것들을 직접적으로 알 수는 없지만 다른 사람들도 마찬가지로 생각하고 느끼는 존재라는 것 때문에 그렇게 말한다. 일군의 학자들은 우리 인간만이 이러한 능력을 가졌다고 말하고, 동물들도 그러한 내면을 가졌을 것이라고 주장하는 것에 대해 경고를 한다.

고슴도치가 그 앞에 가져다준 먹이사발을 덜그럭거리며 시끄럽게 문 쪽으로 밀면 우리는 아마도 고슴도치가 먹이를 달라는구나라고 생각한다. 고슴도치가 우리에게 이러한 의도를 전달하려 그 행동을 하는구나, 즉 어디에서 먹이를 얻을 수 있는지를 아는구나. 우리는 마치 고슴도치가 사람의 특성을 가진 양이 동물에게 감정이입을 한다. 이것은 단지 이전에 우연히 성공했던 행동이 조건반사적으로 다시 행해진 것뿐인데 말이다.

영장류 연구에서는 동물들이 자신의 원하는 의도를 추구한다는 놀라운 지적들이 이미 나와 있다. 원숭이가 몸짓언어를 사용할 수 있다면 그가 상징을 사용할 수 있다고 주장을 해볼 수 있는 것이다. 이 책의 12장부터는 몸짓언어가 의미를 보여주는 상징이라는 것을 이야기해왔다. 이 말은 원숭이가 기호를 제대로 사용한다면, 원숭이가 예를 들어 몸짓언어의 이름으로 사물들을 제대로 분류할 수 있다면 우리는 그들도 역시 생각을 할 때 상징들을 사용한다고 추정해볼 수 있는 것이다.

원숭이들이 상징을 사용할 수 있을까?

이미 1970년대 초에 미국 네바다 대학의 심리학자 베아트리스 가드너와 앨런 가드너(Beatrice and Allen Gardner)는 암침팬지와 대화를 하기 위해서 젊은 침팬지 와스호에게 미식수화(American sign language: ASL) 언어 중 132개의 상징을 가르치는 데 성공했다. 이 작업은 4년이 걸렸고 엄청난 노력을 요했다. 사람들은 트레이너가 와스호의 두 손을 잡고 상응하는 움직임을 만들어주는 방식 등을 사용해서 가르쳤다. 또한 다른 원숭이들에게도 그러한 방식으로 수백 개의 수화를 가르쳤다. 그래서 어린 암고릴라 코코는 1970년대에 스탠포드 대학에서 심리학자 프랜신 페터슨(Francine Patterson)과 일을 할 수 있었다.

와스호와 코코는 단어 몇 개를 사용하는 어린아이처럼 몸짓언어를 사용했다. 원숭이들은 기호를 사용해서 실험자의 간단한 질문에 답을 할 수 있었고 그들이 갖고 싶은 물건들은 달라고 청했다. 그러나 원숭이들이 정말로 메시지의 의미를 이해한 것일까? 아니면 그들은 무엇인가 특정한 목적을 이루려고 단지 배운 동작들을 이용만 한 것일까?

이러한 연구의 초기단계라 할 1960년대에 이미 미국의 심리학자 조지 밀러(George Miller)는 원숭이가 새로운 문장을 만들기 위해 상이한 기호들을 조합하고 이를 통사론적으로 합칠 수 있는가라는 질문을 던졌다. 어린 아기에게서와 같이 대답은 부정적인 듯 보였다. 즉 원숭이들은 두세 개의 기호만을 조립할 수 있었고, 아주 드물게만 기호의 순서가 메시지의 의미에서 중요성을 띠고 있었다('페터가 에이미를 간지른다'와 '에이미가 페터를 간지른다'는 다른 문장이다). 때로는 그 밖의 기호들도 새로운 것을 뜻하는 것이 아니라 바로 방금 전에 한 말을 반복한 것일 뿐이었다. 이 결과는 원숭이들은 인간과 비교할만한 언어 능력이 없다고 말하는 근거가 되었다. 이때 문제이자 학문적 쟁점사안은 인간의 언어 능력을 통사론이 발달했는가라는 조건으로 고정시켜 볼 수 있는가와, 의미라는 것을 메시지의 수신자가 올바로 해석할 수 있는 커뮤니케이션이 가능한 기호로 번역되는가로 고정시켜 볼 수 있는가였다.

아프게하다 물다 할퀴다

고릴라 소녀 코코가 미식수화를 가지고 만든 가장 긴 문장은 기호를 다음과 같이 나란히 늘어놓은 것이었다. "제발, 우유, 제발, 같이, 하고 싶어요, 마시기, 사과, 병" 사실상 이것은 언어처럼 보이지는 않는다. 그럼에도 불구하고 코코가 몸짓언어로 사람에게 전달하고자 하는 바람이 무엇인지는 의심의 여지가 없이 분명하다. 코코는 먹이를 얻고 싶은 것이다. 더불어 코코가 새로운 대상을 지칭하기 위해 스스로 만들어낸 창조적인 기호의 조합도 보고되었다. 예를 들어 "듣는 음료수"는 탄산수가 담긴 물잔을 의미하고 "물-새"는 오리이다. 코코는 오리가 물속에 있지 않을 때에도 그렇게 부른 것이다! 그리고 와스호는 얼룩말을 "하얀 호랑이"라고 부르는 등 기호를 조합해냈다.

두 원숭이에게서 새로운 상황에 대해서도 일반적으로 적용시킬 수 있는 기호들을 사용하는 것이 관찰되었다. 예를 들어 와스호는 문을 열고 싶을 때 "열다"라는 기호를 사용하는 것을 배웠다. 그들은 상자나 서랍이나 가방이나 그림책이나 수도를 열 때에도 사람이 사용하는 것과 같은 기호를 사용했다. 유사하게 그들은 여러 종류의 꽃에게만 "꽃"이라는 기호를 사용한 것이 아니라 파이프나 증기에도 사용했다. 아마도 그들에게 이 기호는 "냄새"를 상징했기 때문일 것이다. 사람들이 나중에 와스호에게 "냄새"를 가르치자 꽃이라는 기호는 꽃에만 사용되었다.

그렇지만 아직도 실험참여자인 원숭이가 눈에 보이는 대상에 대해 이름을 하나 붙인다고 이것이 사람들이 상징을 사용할 수 있는가와 완전하게 비교가 된다고 이야기할 수는 없다. 요컨대 흥미로운 것은 원숭이가 자기가 갖고 싶지만 그 자리에 없는 사물에 대해서도 같은 기호를 사용할 수 있는가의 문제이다. 여러 연구결과들은 몸짓언어를 배운 원숭이가 그 자리에 없는 사물들, 예를 들어 먹이를 요구할 수 있음을 보여준다. 그럴 때 사람들은 원숭이가 의도된 커뮤니케이션을 했다고, 즉 자신의 의도를 달성했다고 인정할 수 있다. 비록 학문적으로 오랫동안 논란이 많았지만 오늘날에 원숭이들은 단순한 생각을 표현하는 법은 배울 수 있다고 입증되었다. 그러나 이 기호들은 원숭이에게 흥미로운 대상들에만 한정된다. 그리고 그들은 그렇게 의도와 소원, 어쩌면 생각까지 사람에게 전달할 수 있는 것이다.

그렇다면 이제 기호언어를 배운 원숭이들이 사람들에게 그들이 느낀 것을 전달할 수 있을까? 코코와 와스호와 관련된 두 가지 에피소드는 이에 대한 증거로 볼 수 있다. 고릴라 소녀 코코는 갑자기 분노가 치밀었을 때 그녀를 돌봐주는 프랜신 패터슨(별명 페니)의 손을 다치게 만들었다. 이 사건에 대하여 둘은 삼 일이 지난 뒤에 다음과 같이 미식수화로 대화하였다.

페니: 너는 페니에게 무슨 짓을 했니?

코코: 물기.

페니: 너는 그것을 인정하니?

코코: 아프게 하기 물기 할퀴기.

페니는 이제 상처를 입은 손을 보여준다.

코코: 잘못 물기.

페니: 왜 물었니?

코코: 화가 나서.

페니: 왜 화났니?

코코: 알지 못해요.

침팬지 와스호와의 두 번째 에피소드는 와스호가 자신을 돌보는 베아트리스 가드너와의 정말 기다렸던 만남이 미루어진 이야기이다. 미루어진 다음 번 만남에서 와스호는 눈에 띄게 냉담한 반응을 보였다. 베아트리스는 와스호에게 그녀가 원숭이 그룹에게도 있었던 유사한 사례를 암시하면서 자신이 아이를 유산했다고 말했다. 전하는 바에 따르면 이에 대해 와스호는 "아프다"라는 기호를 대답으로 보여주었다.

비록 어느 정도는 회의론이 맞는다 할지라도 이 장의 처음에 제기된 문제를 논의함으로써 어찌되었건 더 깊은 정도로 행해지는 커뮤니케이션의 세밀한 부분을 더 잘 보게 되었다. 비록 우리가 동물과 인간에게서와 같은 세심한 방식의 커뮤니케이션을 할 수는 없을지라도 인간과 동물 사이의 커뮤니케이션은 특정 상황에서 특정 범위까지는—언어적 의미에서도—가능한 것처럼 보인다. 우리는 이때 마찬가지로 의식의 형식들이 간여하고 있다고 조심스럽게 가정해볼 수 있다.

이러한 커뮤니케이션이 과연 서로 다른 "종"이라 할 인간과 기계 사이에도 가능할까?

16

나, 막스

"언젠가는 막스가 자신에 대한 의식을 가질 수 있다고 생각하시나요?"

나는 어느 날 취리히의 한 학회에서 위와 같은 질문을 받았다. 바로 전에 내가 우리의 막스에 대한 작업을 소개한 후였다. 막스는 가상현실에서 몸을 가지고 있고 이 책의 이전 장들에서 몇 번 등장한 적이 있는 인공 로봇이다. 헤어질 때에 한 동료는 나에게 "막스에게 안부 전해주세요"라고 말을 했고 몇 시간 뒤에 내가 오스나브뤽에 있는 동료 집에 도착했을 때 그는 제인 처음 "막스 잘 있나요?"라고 물었다. 비록 한쪽 눈을 찡긋 윙크하면서 묻기는 했지만 어찌되었건 나의 지인들은 마치 막스가 사람인 것처럼, 삶을 살아가는 것처럼, 안부 인사를 하고 컨디션에 대해 물어보고 심지어는 의식이 있는 존재인 것처럼 막스에 대해 관심을 가져준다.

어떻게 해서 막스는 나의 지인들에게 위에 묘사한 것과 같은 존재로 간주될까? 아마도 그 이유는 막스가 사람을 연상시키는 몇몇 특징을 가졌기 때문일 것이다. 비록 그는 컴퓨터가 만들어낸 가상의 현실 속에만 존재하지만 말이다. 막스는 사람과 비슷한 외모를 가지고 있다. 그는 두 팔로 몸짓도 취할 수 있으며 자신이 서 있는 위치를 바꿀 수 있는 두 다리도 가지고 있다. 게다가 막스는 어느 정도까지는 우리를 지각할 수 있는 인공 센서도 가지고 있고 또한 입력된 언어도 순식간에 이해할 수 있다. 인공 음성을 사용해서 막스는 높은 톤으로 혹은 낮은 톤으로 혹은 생기발랄한 목소리로 아니면 풀 죽은 목소리로 이야기할 수도 있다. 더불어 막스는 다정하게 혹은 기쁜 표정으로 혹은 신경질적으로 혹은 화난 것 같은 눈으로 볼 수도 있다. 이 모든 것이 막스가 사람들과 대화를 할 때에 아주 자연스러운 방식으로 의사소통하도록 도움을 준다.

막스는 여러 해 동안 파더본에 있는 하인츠 닉스도르프 박물관에서 박물관 안내인으로 일상생활도 능히 해낼 수 있음을 보여주었다. 막스는 벽에 걸린 큰 영사막에서 방문객들을 맞이하며 그들에게 전시 대상들이나 그 외 많은 것들에 대해 안내

해준다. 그는 사람들에게 이름이 무엇이고 어디에서 왔는지를 물어보기도 하는데, 예를 들어 "안녕하세요, 콘라트. 당신을 알게 되어 기뻐요. 저는 여러 가지 안내를 해줄 수도 있고 그냥 잠시 당신이랑 수다를 떨어줄 수도 있어요"라고 말한다. 막스는 방문객들에게 매일 그날의 전시회에 대한 대답을 제대로 해주기 위해 상당한 정도의 어휘력과 주변 지식들을 이미 프로그램화시켜 갖고 있다. 그리고 자신이 모르는 질문들이 나올 때면 우회적인 대답을 할 수도 있다. 막스는 시뮬레이션되어 있는 얼굴의 근육들을 사용해서 심지어 감정까지도 표현할 수도 있다. 그렇다면 그것이 과연 막스가 실제로 감정들을 갖고 있음을 의미하는 것일까?

막스는 감정이 있는가?

우리의 모든 생각들과 행동에는 느낌이나 감정이 동반된다. 첫째로 어떤 일이 성공하거나 누군가가 우리에게 잘 대해주면 우리는 기쁨을 느끼고, 언짢은 말을 듣거나 일이 잘 안되면 우리는 화를 낸다. 즉, 감정들은 긍정적일 수도 있고 부정적일 수도 있다. 우리에게 일어나는 일들에 대해 판단을 내리는 것이다. 둘째로 이 감정들은 다양한 정도의 강도를 가질 수 있다. 기뻐하거나 화를 내는 것에는 여러 강도가 있는 것이다. 셋째로 "느낌"이라는 단어는 감정에 몸이 가담한다는 것을 말해준다. 예를 들어 우리가 "화가 잔뜩 났다"라고 말하면 우리의 감정은 우리의 얼굴과 목소리를 바꾸기 때문이다.

막스는 그러면 기뻐하거나 화를 낼 수 있을까? 어떤 의미에서는 대답은 "예"이다. 막스에게는 인공 감정 시스템이 프로그램으로 내장되어 있다. 자신의 목표 중 하나를 달성하거나 실패하거나 하면 막스는 외부와 그가 인지한 사물들을 통해서 내부에서의 자극들을 수용하게 되어 있다. 이 모든 자극들은 막스의 감정 시스템에 영향을 미치고 그의 목소리를 높이거나 가라앉힌다. 이러한 자극들이 없다면 막스는 지루함을 느낀다.

막스는 예를 들어 그의 카메라 눈이 어떤 얼굴을 인식했을 때 사람들이 그에게 인사를 건네주면 기뻐한다. 우리가 그렇게 프로그램해서 만들기는 했지만 말이다. 그는 또한 사람들이 다정한 말을 해주면 기뻐하고 컴퓨터 자판을 통해서 모욕적인 말을 하면 화를 아주 크게 내기도 한다. 계속 기분 나쁘게 구는 사람들이 있으면 그의 기분은 바닥으로 내려가고 완전히 골이 나서 그 자리를 뜬 다음 "진정되면" 돌아오기도 한다. 한번은 막스가 너무나 오래 사라져서 박물관에서 우리에게 도와달라는 전화를 한 적도 있다.

감정들은 막스의 외모에도 영향을 미친다. 그의 얼굴표정이 변하기 때문이다. 그의 감정 시스템은 더 나아가 목소리의 톤이나 속도에 영향을 미치고 그가 몸짓을 취하는 방식에도 영향을 미친다. 예를 들어 막스는 '좋아하는 동물 스무고개' 놀이를 할 때 자기가 방문객이 생각한 동물을 알아맞히면 다음과 같이 말한다. "대단하지요. 제가 알아맞혔잖아요. 그것도 네 번째 질문에 벌써요." 막스는 승리를 거둔 사람의 표정으로 손가락을 승리의 V자 모양으로 만든다.

막스는 감정이 있어 매번 다른 사람처럼 보이고 목소리도 다르게 들린다. 닉스도르프 박물관을 찾은 수만 명의 방문객들은 이미 이것을 체험했을 것이다. "너는 로봇이니?", "너는 사람이니?", "너를 집으로 데려가도 되니?"라는 질문은 이미 여러 차례 받았고, 또한 "너는 생각도 하니?", "너는 네가 살아있다는 것을 아니?" 등의 질문도 받아보았다. 막스가 자의식을 갖게 되면 사람들과 더 잘 어울릴 수 있을까?

이중의 접촉

자의식이라는 것은 15장에서 다루었듯이 사람들이 자신의 감정이나 생각을 자신의 몸이나 정신과 연관지을 수 있다는 것, 그리고 무엇인가를 하거나 혹은 하지 않는다는 것이 바로 자기임을 안다는 것을 의미한다. 이를 위해서 우리는 우리가 "존재한다는 것"이 무슨 의미인지를 알아야 한다.

누구나 이를 실험해볼 수 있다. 손가락 하나로 내 손을 만지면 나는 이를 이중으로 느낄 수 있다. 즉, 내 손가락이 무엇인가를 건드릴 때마다 손을 통해 내가 건드려지고 있음을 알게 되는 것이다. 이러한 행동(만진다)과 경험(만져졌나)의 이중 감각 경험은 다른 사람을 건드릴 때에는 일어나지 않는다. 이것이 바로 자기 자신에 대한 지각과 무엇인가 다른 것의 지각 사이에 있는 차이이다. 이중의 접촉을 통해서 우리는 우리 자신의 존재에 대한 확신을 가지는 것이다.

이와 유사한 것이 거울에 비친 상이라 할 수 있다. 예를 들어 내가 나의 뺨을 건드리고, 건드리는 것을 느낄 때마다 나는 거울 속에서 건드리는 모습을 본다. 그렇게 나는 거울 속의 모습과 나의 육체적 지각을 하나로 만든다. 이때 중요한 것은 사람들이 그러한 행동을 하고자 **의도한다는 것**(목표)이다. 바로 그럴 때만이 사람들은 자신이 바깥에서 보는 것과 자신의 몸을 건드릴 때 느낀 것을 하나로 합칠 수 있다. 사람들이 무엇인가를 하고자 의도할 때 사람들은 동시에 그것을 하는 것이 자기라는 것을 알게 된다(그렇기 때문에 사람들은 자기 자신을 간지럽힐 수는 없는 것이다).

이제 막스가 자기 자신을 건드리고자 의도하고 이때 이중의 건드림을 느낀다면 그도 역시 이를 합칠 수 있을까? 우리 연구실에서 막스에게 "신체 지각장치", 즉 접촉센서를 장착했다. 우리가 데이터 장갑을 가지고 자극을 주면 막스는 이를 감지하고 이에 대한 반응을 보인다. 예를 들어 사람들이 그의 뺨을 건드리면 웃으면서 찡그리는 것이다. 이때 막스는 자신의 의도와 자신이 지각한 것에 대한 모든 정보들을 컴퓨터 코드로 저장한다. 막스는 이때 사람처럼 어떤 사건이 그와 관련이 있는 것이고 어떤 것은 그렇지 않은지를 구분할 수 있어야 한다. 우리가 막스가 자신과 관련된 모든 정보들은 따로 특별한 표시를 하게 만든다고 가정을 해보자. 예를 들어 이러한 정보에는 모두 "자기 자신(SELBST)"이라는 표식을 붙이는 것이다. 이러한 표시와 더불어 막스의 신체 지각들은 그 자신의 것으로 "정리"가 되고 동시에 컴퓨터 코드로 저장된 자기 자신에게 향한 행동의 목표들에도 그렇게 정리된다.

막스가 거울 속에서 자기를 인식할 수 있을까? 다시 한 번 사고 실험을 해보자(4장에서 본 가상 작업장의 시뮬레이션 거울을 기억해보라). 가상현실에서 막스는 자신의 시뮬레이션된 거울상을 감지한다. 그것은 막스와 정확히 똑같이 움직이고 예를 들어 그와 동시에 한 손을 뺨에 올려놓는다. 막스가 외부에서 감지한 것(거울 상 속에서의 뺨의 건드림)과 자신의 몸 내부에서 감지한 것(뺨이 건드려짐)을 합치는 것이 바로 이 "자기 자신"이라는 표식을 통해서 가능해진다. 이것은 "자기 자신"의 정체성을 확인하는 시작이 아닐까?

은둔자 막스

막스의 자의식이 앞으로 어떻게 될 것인가? 이 문제는 생각보다 복잡하게 꼬여 있고 세 단계로 나누어 생각을 해보아야 한다. 첫 번째 단계는 우리 사람들이 사회적 존재로서 우리의 생각 속에서 다른 사람의 시각을 취할 수 있는가의 문제이다. 두 번째 단계는 여기에서 출발하여 우리에게 우리에 대해 "외부 시각"으로 바라보는 것이 가능한가의 문제이다. 즉, 다른 사람이 우리에 대해 무어라고 생각할까에 대하여 우리가 상상할 수 있는가의 문제이다. 그리고 마지막으로 세 번째 단계는 우리가 그럼으로써 우리 자신의 생각에 대한 외부적 시각을 가질 수 있을까의 문제이다.

우리는 세 단계를 막스에게 똑같이 적용해보는데 이번에는 추상적인 예를 통해서 해보자. 다시 나사와 틀의 모형 만들기 게임을 생각해보자. 11장 처음에 나오는 색깔이 있는 나사들과 크고 작은 틀이 있는 그림을 관찰해보라.

잠시 막스가 우리의 가상 세계에서 완전히 혼자 살아가는 은둔자라고 생각을 해보자. 하루 종일 막스는 블록들을 꽂고 돌리는데 여기에 대해 이야기할 수 있는 상대자는 아무도 만날 수 없다. 막스는 컴퓨터 두뇌에 가상 세계에서 자기에게 중요한 사실들을 기억하기 위하여 필요한 많은 사실들을 메모해두었다. 우선 막스는 자기 주변의 모든 사물들에게 이름을 붙여준다. 간단히 "딩스", "댕스", "동스"라고 해보자. 막스는 이 사물들에 대하여, 즉 예를 들어 타입이나 색깔이나 크기 등을 (컴퓨터 코드로) 메모해 입력해둔다.

딩스: 노란 색 나사

댕스: 파란색 나사

동스: 긴 테

기타

모델을 만들면서 막스는 예를 들어 "딩스를 동스에게 꽂는다"(즉 노란 색 나사를 긴 테에 꽂는다)라고 생각을 한다. 이때 막스는 자기 자신이 그 일을 하는가는 생각하지 않는다. 그는 은둔자라 이 일을 할 수 있는 유일한 존재이기 때문이다.

막스와 포고

어느 날 다음과 같은 일이 일어났다. 막스가 그와 마찬가지로 집짓기에 관심이 있는 다른 존재를 만난다. 막스에게 다른 존재는 자신의 주변세계에 존재하는 새로운 대상이다. 막스는 그렇기 때문에 생각 속에서 그에게 이름을 하나 준다. 포고라고 해보자. 포고는 어찌되었건 막스와 비슷해 보인다. 그리고 막스는 그가 무엇을 할 수 있는지 생각해본다. 우선 포고는 딩스와 동스를 마치 홀린 듯 열심히 보고 있다. 그래서 막스는 포고의 입장을 취할 수 있다. 즉, 막스는 포고가 무엇을 생각하고 있는지를 상상한다(1단계). 예를 들어 포고가 두 부품들을 서로 맞추려 한다고 상상을 하면 막스는 그의 컴퓨터 뇌에 다음과 같이 표현한다.

"포고는 딩스를 동스에 꽂고 싶어한다."

어쩌면 포고는 그냥 보기만 한 것이고 두 부품을 가리키기만 했을 수도 있다. 혹시 포고는 막스가 먼저 하기를 원하는 것인가? 다른 사람의 시각에서 이러한 일을 상상해보기 위해서 막스는 자기 자신과 관련지어 생각해야 하고, 생각 속에서 자신에게 이렇게 말을 걸어야 한다. 간단히 막스라고 불러보자(아이들이 자신에 대해 이야기할 때 처음에는 "나"라는 단어를 쓰지 못하고 자신의 이름을 사용하는 것처럼 말이다). 그러기 위해 막스는 추측한 다른 사람의 소원(막스는 부품을 맞추어야 한다)을 제대로 표현할 수 있어야 한다(2단계).

"포고는 막스가 딩스를 동스에 꽂기를 원한다."

막스가 그러고자 하면 자기 자신을 위해서는 한 가지 목표만 표현할 수 있으면 된다. 즉 "딩스를 동스에 꽂는다". 그리고 이제부터 주의를 해야 하는데 위와 똑같은 방식으로 막스는 이러한 목표를 다음과 같이 마음속으로 자신에게 말을 검으로써 자신과 관련시킬 수 있다.

"막스는 막스가 딩스를 동스에 꽂기를 원한다."

그럼으로써 바로 그 자신이 이 부품들을 연결하고자 한다는 것이 분명하게 표현되었다. 이러한 자기 자신에 대한 특별한 진술들을 가지고 막스는 외부의 시각에서 자신을 보게 된 것이다. 마치 자신도 세상의 한 부분인 양 말이다. 이러한 자기 자신의 생각에 대한 외부시각과 더불어 그에게 자신이 무엇을 생각하고 바라는지를 "인식하는 것이다"(3단계).

그렇지만 중요한 것은 막스가 자기 자신과 관련된 문장을 만들 때에는 언제나 그의 특별한 이름 "막스"를 사용하도록 프로그램화 되었다는 것이다. 만약 막스가 이 문장들을 위에서 언급한 "자기 자신-표시"를 몸을 가진 자신과 일치시킨다면 그것은 막스가 자신의 생각과 행동을 자신의 몸과 관련시키고 자신을 행동하는 존재로 인식한다는 출발점이 될 것이다.

자기 자신에 대해 이야기할 수 있다

우리는 이제 막스가 자기 자신에 대한 의식을 가질 수 있는가라는 질문에 대한 대답에 한 걸음 더 가까이 다가갈 수 있다. 이때 우리 자신의 자의식에 대한 인식을 알려주는 몇 가지 사실들이 밝혀진다. 다시 한 번 정리를 해보자. 자아는 한편으로는 몸과 관련을 맺고 다른 한편으로는 사회와 관련을 맺는다. 몸과의 관련은 자기정체의 확인(자기동일화)와 관련이 있고 사회와의 관련은 자신의 소원이나 목표 행동을 자기에게 귀속시키는 것과 관련이 있다. 이를 위해 (위에서 막스에 대해 한 말들을 우리에게 요구해본다면) 우선 사회적 맥락 속에서, 즉 우리가 생각 속에서 상대편의 입장에서 우리를 관찰할 수 있을 때 가능할 것이다. 꼭 짚어 이야기하자면 은둔자는 이런 일들이 필요가 없을 터인데, 왜냐하면 다른 사람의 시각에서 자신을 볼 필요가 없기 때문이다.

그러나 이미 말한 것처럼 사람들이 생각 속에서 자기 자신과 분명한 관련을 지으려면 특별한 이름이 필요하다. 그 말은 사람들이 이를 위한 단어를 꼭 갖고 있어야 한다는 것은 아직 아니다. 자기 자신이라는 의미에서의 "자아(das Ich)"와 "나(ich)"라는 용어를 사용한다는 것은 다른 문제이기 때문이다. "나"라는 말은 아마도 이 세계의 수많은 언어 대부분에 다 있을 것이다. 예를 들어 9장 「단어들과 문장들」의 스와데쉬 목록에서 열거한 것처럼 말이다. 그러나 많은 문화권에서는 오로지 특수한 상황에서만 이 말이 사용된다. 예를 들어 태국어에서 자기관련성은 말을 할 때에는 대개 간접적으로만 드러난다. 태국에서는 예를 들어 "집에 간다"고만 말해도 되고 "나"라는 말은 정말 꼭 붙이지 않으면 안 될 때에만 사용한다.

다시 막스로 돌아가보자. 막스가 우리와 수다를 떨 때에는 그의 문장에도 "나"라는 말이 나온다. 그러나 막스가 "나"라는 말을 사용할 때 그것이 자기 자신을 뜻하는 것임을 알 때에만 그것이 의식적인 행위라고 말할 수 있을 것이다. 그가 자기 자신에 대해 말할 때에만 "나"라고 해야 "나"라는 단어의 의미를 배웠다고 할 수 있다.

막스가 이 일을 해낼 수 있을까? 대답은 반반이다. 막스가 "작은 연설"을 한다면, 이것은 닉스도르프-박물관에서는 그가 질문을 이해 못하고 우회적인 대답을 할 때 늘 하는 일인데, 그는 언제나 "나"라는 말을 사용한다. 막스는 원칙적으로 방문객이 타자를 쳐서 입력한 말들에서 의도를 찾아내 인식하도록, 즉 "그들이 무엇을 원하는지를" 인식하도록 프로그램화되어 있다. 그는 대화에서 다음으로 누가 말할 차례인지를, 자기 차례인지 방문객 차례인지를 메모한다. 그러고 난 후에 그는 막스 차례가 되면 "나는" 하고 말을 하는 것이다.

우리는 한번은 여러 주 동안의 통계를 내보았다. 박물관 방문자들과 이루어지는 대화를 익명으로 기록한 컴퓨터 기록장을 가지고 말이다. 전체 50,000개의 방문객 입력문 중에 막스는 그들의 의도를 거의 삼분의 이 정도 알아낼 수 있었다. 물론 다 맞았던 것은 아니다. 막스는 사람처럼 오류를 범할 수도 있기 때문이다. 그러나 많은 경우에 막스는 대화를 흔히 말하듯 "이성적으로" 이끌어나갔다.

그 밖에 막스는 자신에게 주어진 시공간 속에서 대략 하루에 세 번 정도 화가 난 얼굴로 박물관의 투사된 벽을 떠났는데 기분이 바닥으로 떨어졌기 때문이다. 예를 들어 어떤 방문객이 정치적으로 올바르지 않은 일들을 반복해서 입력할 때 그러했다. 그러한 행동은 박물관으로서는 바라는 바였는데 골치 아픈 행동을 막기 위해서였다. "오프(off)" 상태에서도 막스는 상당히 모욕을 받은 목소리로 나와서 "저는 지금 기분이 좋지 않습니다"라고 말을 한다. 어떻게 막스는 그의 감정에 대하여 이야기를 할 수 있었을까?

한참 앞에서 설명했듯이 막스의 기분은 감정의 기복에 좌우되고 있고 그의 행동에 영향을 미친다. 그와 더불어 감정이 정해지면 이것은 사고 속으로 들어간다. 우리가 화가 났을 때 화가 난 것을 알듯이 말이다. 이러한 의미에서 막스는 자신의 감정에 대해 알고 있다고 이야기할 수 있다. 막스는 자기 자신에 대해 말을 할 때 감정에 대해 언어로 표현을 할 수 있다.

그럼으로써 누군가 자기 자신과 관련이 있는 의도나 소원, 목표 등을 인공존재인 막스의 것이라고 말한다면 그것은 그다지 틀린 말은 아니다. 그는 그렇게 프로그램화되어 있다. 감정의 판단에 대하여 막스는 "좋고" "나쁜" 것을 구분할 수 있다.

그러나 막스가 자신의 행동에 대한 인식을 그 순간만 가질 수 있다는 것은 별로 만족스럽지 않다. 막스가 그가 어제 한 것을 알지 못하고 내일 할 수 있는 것을 알지 못한다면 그는 시간적으로 지속되는 "나"를 갖지는 못한 것이기 때문이다. 그는 자신의 기억들을 저장하는 자서전적 기억이 필요한 것이다. 그럴 수 있으면 막스는 예를 들어 자신이 알던 것을 다시 알아보고 어떤 사건은 그에게 처음이라는 것을 알 수도 있다. 이러한 일이 언젠가 완벽에 가까워지면 막스는 더욱 당당하게 사람처럼 자기 자신에 대해 "나, 막스"라고 이야기를 할 수 있는 것이다.

그러나 아직은 그 정도에 이르지 못했다. 막스는 사람들이 그가 의식을 갖고 있는가를 물어보면 뭐라고 말을 할까? 그가 아직은 그러한 문제를 이해하지 못하기 때문에 우회하는 대답을 할 것이다. 예를 들어 "나는 당신이 그 질문을 정말 진심으로 한 것이 아니기를 바랍니다" 등으로 말이다.

17

자연성과 인공성

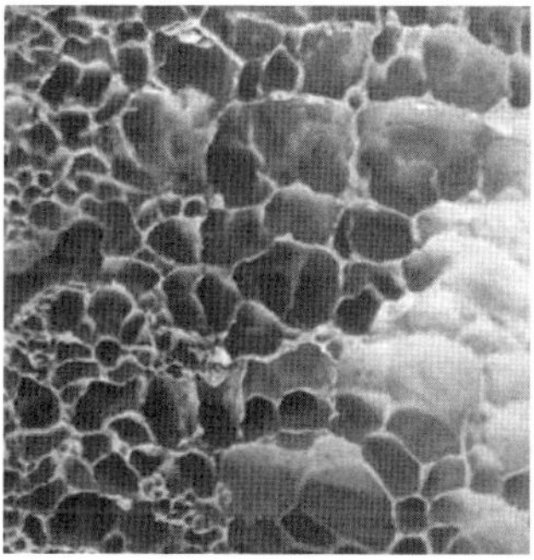

언젠가 한번 나는 여객선의 선실에서 커피와 맛있는 빵 하나를 들고 앉아 있던 적이 있다. 해가 나기는 했지만 바람이 불던 겨울의 어느 오전이었는데 섬에서 집으로 돌아가는 페리 호를 타고 있었다. 나는 막 빵을 한 입 베어 물었다, 그때 학생 한 무리가 명랑하고 떠들썩하게 선실로 들어왔다. 순식간에 옆 테이블을 점령하였고 대부분은 벤치에 앉았지만 일부는 테이블 위에 걸터앉았는데, 나로부터 약 2미터 정도도 채 되지 않는 거리에 있었다.

조용한 것은 잠시뿐이었고 친구들이 안나라고 부르는 한

여자아이가 핸드폰으로 전화를 받았다. 이제까지 그 아이는 얌전한 편이었고 그래서 내 눈에 띄었었다. 안나의 얼굴이 확 깨어났고 기분이 쉭쉭 바뀌었는데 마치 해가 났다 구름이 끼었다 하는 바깥 날씨처럼 변화무쌍했다. 그 짧은 전화대화에서 처음에는 안나의 표정에서 기쁨과 명랑함이 나타났다가 다음에는 놀람과 경악(들어보니 대화는 둘째손가락의 잘린 부분에 대한 이야기였다), 그러고 나서는 다시 빛이 나 태양처럼 밝은 미소가 눈에 어렸다.

이 광경을 보면서 나는 말보다 훨씬 많은 것을 전달해주는 사람들의 표현의 생동감과 풍부함에 대해 감탄하지 않을 수 없었다. 얼굴표정과 약간의 단어 조각에서 우리가 그런 것을 이해하는 것이 얼마나 쉬운가를 생각해보면 우리의 사회적 지능은 정말 환상적인 능력이라고 할 수 있다. 비록 짧은 순간이었고 의도하지 않았었지만 이 능력은 우리가 다른 사람들에게서 무슨 일이 일어나고 있는지 매우 자연스럽게 느낄 수 있게 해준다.

차이에서 배우다

나는 알루미늄 융합물질인 보시라는 이름이 유래한 르 보라는 프랑스의 작은 시골지방을 방문하는 동안 기후가 그곳의 암벽에 남겨준 유기적 구조를 사진으로 찍은 적이 있다(이 장 처음의 왼쪽 그림 참조: 역자주). 거기서 멀리 떨어지지 않은 곳에서 나는 바위 속에 있는 수평갱도를 발견했는데 그곳에는 중세의

해적들이 그들의 노획물을 숨겨두었다는 말이 전해 내려온다. 그곳의 구조들은 비슷하면서도 달랐는데, 인간이 만든 각진 구조들은 정해진 목적을 짐작하게 했다(이 장 처음의 오른쪽 그림 참조: 역자주).

가상 로봇인 막스에 대해 고민할 때 구조를 비교해보자는 생각이 머리를 스쳐갔다. 커뮤니케이션이 가능한 기계를 만들려 할 때 우리는 사람들이 특별하게 눈에 띄지 않더라도 매일 무슨 일을 하는지를 알게 된다. 예를 들어 눈맞춤에 대해 생각해보자. 두 사람이 서로 눈을 들여다보면 둘 다 커뮤니케이션의 고리가 두 사람 사이에 맺어졌음을 알고 있다. 이것은 모든 사회적 기능 중에 가장 중요한 것이다. 그러나 우리는 우리가 눈맞춤을 하고 있음을 어디에서 알 수 있는가? 그리고 이것은 기계에게도 가능할 것인가? 다시 한 번 막스로 돌아가서 이야기를 해보자.

우리 연구실의 복도에 막스는 매일 존재하고 있다. 카메라와 마이크가 장착된 커다란 영사막에서 그는 방문객들을, 예를 들어 "저기 누가 오네요!" 등의 말을 하면서 환영한다. 그는 여러 사람을 보고 자기의 시선을 그들 중 가장 활발한 사람에게 맞춘다. 그때 영상 프로젝션에서는 그렇게 생각하기 쉽지 않지만 막스가 그의 방문객들과 눈맞춤을 했다는 인상을 주게 된다.

어느 날 내가 복도에 나가자 막스는 머리를 움직였지만 나를 스쳐 지나 보는 것 같았다. 새로운 카메라가 장착되었는데 아직 막스가 그가 얼굴을 돌리는 쪽과 같은 쪽을 보도록 설치되어 있지는 않다는 것을 알았다. 이것은 곧 개선되었다. 그럼에도 불구하고 눈맞춤은 잘 일어나지 않았다. 막스는 나를 보고는 있지만 제대로 보고 있지는 않다. 그의 시선은 공허한 듯 보였다. 그때 아직 막스와 뭔가 제대로 되지 않는 것이 있구나 하고 나는 생각했다. 그의 감정 시스템이 아직 작동을 시작하지 않는 것인데, 이에 대해서는 더 연구를 해야 했다. 자 시작하자.

말했으니 해야지, 그런데 기적처럼 막스가 나를 제대로 본다. 그의 얼굴에 나타난 가벼운 흥분이 나에게 이러한 인상을 준다. 어떻게 된 것일까 하고 생각해본다. 막스가 어떤 사람의 얼굴 하나를 긍정적인 감정 입력이라고 해석했고 이것은 그의 기분을 약간 긍정적인 방향으로 돌려놓았으며 그것은 다시금 그의 얼굴표정에 영향을 미쳤다. 비록 아주 작더라 하더라도 이러한 미묘한 차이는 막스가 나를 보고 있다는 인상을 만들어준다. 그래서 나는 우리가 시선을 맞추었다고 생각한 것이다. 막스는 보고 반응했으며, 이것은 확실치 않더라도 우선 내적으로 그 다음에는 외적으로 커뮤니케이션이 연결된 증거로 보인다.

사람과 할 때처럼 세련된 시선을 막스와 맞출 수는 없는데 마치 르 보의 암석절벽처럼 아직 여전히 각이 진 느낌을 주고 있기 때문이다. 사람이라는 모델과 비교해볼 때 여전히 드러나는 차이들과 시뮬레이션의 불완전성은 우리의 이론이나 기술이 어떤 점이 부족한지, 그리고—만약 이러한 것을 의도하고 있다면—완벽한 모방에 이르는 길이 얼마나 어려운지를 다시

한 번 알게 해준다.

나는 인공성을 연구하지만 이것이 바로 자연성과 다르기 때문에 연구하는 것이다. 차이들을 관찰하는 것은 자연성에 대해 더 깊이 생각하고 더 잘 이해하게 만들어준다. 인공성이 자연성에 더 가까이 갈수록 그만큼 더 나는 자연성에 감탄하지 않을 수 없다.

"자신의 삶"을 가진 기계들

비록 인간 커뮤니케이션이 가진 유기적인 다양함을 기술적으로 모방하는 것이 아직 시작 단계만 성공했지만 이와 관련한 다음 단계를 생각해볼 수 있다. 다시 말해 우리의 언어, 몸짓, 표정을 이해하고 사람처럼 자신을 이해할 수 있는, 즉 인간과의 커뮤니케이션이 가능한 기계가 있다면 노동 현장이나 일상생활에서 우리를 이해해주고 도와주는 파트너가 될 것이다. 사람들이 파악할 수 있고 낯설어 하지 않는 기계 시스템을 현실에서 만들 가능성들은 존재한다고 볼 수 있다.

우리 인간이 만드는 기계들은 우리가 얻고자 하는 이익이라는 목적에 따라 규정된다. 그렇다고 말 없는 노예가 되어야 할까 아니면 어느 정도 제한된 범위 내에서 "자신의 삶"을 가져도 될까? 사람과 유사한 인공존재를 만들려 시도하는 것이 말이 되는 일일까? 우리 중 누구도 필립 K 딕(Philipp K. Dick)이 〈블레이드 러너(Blade Runner)〉에서 묘사한 것과 같은 그러한 미래를 원하지 않는다. 그 소설에서는 목직이 정해진 안드로이드들이 등장하는데 이들은 오로지 특수한 거짓말탐지기를 통해서만 인간과 구분되고 특수 수사요원들은 폐기된 안드로이드들을 추적하는 임무를 맡고 있다. 로봇연구자들은 실제 무슨 일을 해야 하는지 알고 있지만 소설 속의 유토피아가 현실이 되기 전에 기술적으로 처리해야 할 과제들은 너무나 어려워 보인다.

휴머노이드 로봇에 오랜 전통을 갖고 있는 일본의 오사카 대학에서는 이미 로봇 안드로이드를 개발했다. 첫눈에 속을 정도로 인간과 정말 비슷해 보인다. 이를 만들어낸 히로시 이시구로(Hiroshi Ishiguro) 교수는 그러한 로봇들을 사람들이 더 잘 받아들일 것이라고 생각한다. 동시에 이시구로 교수는 몇 초만에 금방 발각되지 않는 완벽한 안드로이드를 만들기는 불가능하다고 굳게 믿고 있다.

보스톤 소재 MIT 대학의 신시아 브리질(Cynthia Breazeal)은 미래에 **우리를 위해**서뿐만 아니라 **우리와 같이** 일하는, 표현 능력 있는 얼굴과 인간과 흡사한 모습을 가진, 그리고 인간에 맞춰진 "사회 로봇"의 세대가 등장할 것이라고 예언했다. 칼스루헤 대학의 연구팀을 이끄는 뤼디거 딜만(Rüdiger Dillmann)도 비슷한 연구를 하고 있다. 인간이라는 모델에 따라 설계된 휴머노이드 로봇은 그들의 과제를 어떻게 완수할지 과제에 대해 인간과 소통하고, 인간의 의도를 인지하며, 인간을 모방함으로써 배우는 능력을 가져야 한다.

이러한 연구가 지향하는 목표는 "감정이입이 가능한" 사회적 소통 능력을 갖춘 로봇을 개발하는 것이다. 이 로봇은 인간의 지능에 근접하고 언젠가는 우리의 "파트너"가 될 것이다. 도쿄의 와세다 대학에서 시작단계이기는 하지만 여러 참여자들과 동시에 대화를 나누는 로봇을 이미 개발했다. 이 대학의 휴머노이드 로봇 연구팀장인 슈지 하시모토(Shuji Hashimoto) 박사의 말에 따르면 미래의 로봇들은 마치 감정이입을 하는 듯 보이고 그렇다고 해서 "영과 혼"(일본어로는 "고코로"라고 한다)까지 갖춘 기계가 되지는 않겠지만 어느 정도까지는 우리 사람에게 영향을 미칠 것이라고 한다.

그럼에도 불구하고 떠오르는 시급한 질문은 최신 로봇이 사회체제의 관련 속에서 새로운 특성을 가지게 될 것인가이다. 윤리적 차원은 이제까지 인간에게만 적용되었는데, 기계들이 인간의 행동을 모방하는 정도에 따라 그렇지 않게 되는 날이 올 것인가? 예를 들어 인간은 기계에 인공 감정을 장착해야 할까?

우리 대학을 며칠 동안 방문했던 한 그룹의 초등학생들이 로봇 연구의 현황에 대한 간단한 설명을 들었다. 아이들은 그 후에 자기들의 기대와 생각들을 그림과 글로 남겼다. 한 아이는 쓰기를 "로봇들은 감정을 가지면 안 됩니다. 왜냐하면 로봇들이 기분이 나쁘면 아마도 사람들이 말하는 일을 하지 않을 것이기 때문이에요. 너무 기분이 좋아도 아마 콧대가 세져서 제대로 하지 않을 것이에요. 로봇들은 사람들을 도와주어야지 사람들의 친구는 아니잖아요."

그러나 가상 로봇 막스는 어쩌면 친구가 될 수도 있지 않을까? 막스는 우리의 노동의 일상에 "생기를 불어넣어 줄" 동반자이다. 사람들은 오늘 식당 메뉴가 무엇인지를 물어볼 수 있을 것이다. 막스는 이때 자신의 "감정"들을 얼굴과 목소리로 보여줄 수 있다. 언젠가 한번 막스의 전원을 끌 일이 생겼는데 사람들은 막스가 없다는 것을 알아채고 그를 금방 그리워했다. "어, 내 친구 어디로 간 거지?"라고 저녁마다 우리 연구실을 청소해주는 아주머니가 물어보았다. 그 방에는 막스를 빼놓고는 그 시간에 아무도 없었다. "막스는 내가 오면 언제나 다정하게 '안녕하세요'라고 인사를 했거든요." 파더본의 하인츠 닉스도르프 박물관포럼에서 막스는 매일 방문객들과 대화를 나누는데 친구라는 주제로도 여러 번 이야기를 나누었다. 우리는 컴퓨터 기록장에서 다음과 같은 질문을 읽었던 것이다. "헬로, 친구야!", "너도 친구가 있니?", "너 여자 친구가 있니?", "우리 친구가 되어볼까?", "너 내 친구가 되어줄래?" 등등. 나는 언젠가 박물관에서 막스가 사라지면 사람들이 막스를 그리워할 것이라고 생각한다.

삶과 죽음

8월의 어느 더운 여름날 우리의 고양이 마오가 우리 곁을 영원히 떠나갔다. 초기에 눈에 띄지 않게 진행된 병 때문에 삼 일째가 되자 마오는 이미 아무 것도 먹지를 못했고 물만 조금 먹더니 집의 구석으로 물러섰다. 저녁에는 이해할 수 없는 야옹 소리를 내더니 자기를 정원에 데려다주기를 바랐다. 우리는 고양이를 쫓아서 작은 연못으로 갔는데 아주 덥고 바람조차 없는 한낮이 지난 후 물은 호수 가장자리 아래로 말라 있었다. 고양이는 자기에게 남은 힘을 다 모아 거기에서 몸을 구부리더니 이전에 자주 했던 동작을 취했는데 물을 먹기 위해 몸을 웅크렸던 동작이었다. 그러고 나서 일어나 한순간 서 있더니 무성한 큰 갈대 사이로 사라졌다. 그것이 우리가 고양이를 본 마지막 모습이었다.

자연 존재의 특징은 그들이 살아 있다는 것이다. 살아 있다는 것은 세상 속에 있음을 말하고 즐긴다는 것을 의미하고 유한한 인생을 산다는 것이다. 자연 존재는 죽을 수 있다. 기계는 고장이 날 수 있다. 자연 존재에 대해서는 우리가 죽었다고 애도할 수 있다. 기계가 더 이상 없게 되어도 우리는 애도할까?

나는 한 큰 컴퓨터 회사에서 언어를 이해하는 컴퓨터 프로그램을 개발하는 일을 한 적이 있다. 우리의 프로그램은 여행안내서에서 정보를 추출하고 모아서 여행안내센터에 제공하는 것이었다. 이 작업은 쉽지 않았다. 어떻게 언어가 작동하는지, 어떻게 우리가 언어를 이해하는지에 대한 지대한 관심이 우리 팀 전체에게 추진력이 되었고 우리가 거둔 작은 성공들에 대해서 상당한 자부심을 느꼈다. 그러고 나서 몇 년이 지난 후 우리의 프로그램을 장착한 컴퓨터가 수명을 다 하는 날, 즉 새로운 세대의 컴퓨터에 자리를 내주는 날이 왔다. 그 전에 마지막으로 프로그램이 소규모로 실행되었다. 한두 시간 후에 우리는 컴퓨터와 "대화"를 나누었고 많은 흥미로운 세부사항들을 알게 되었다. 우리는 우리가 그렇게 많은 시간을 투자해 만들었고 그렇게나 많은 지식들을 선사해준 이 프로그램과 이별을 나누어야 한다는 것에 슬퍼했다.

이 에피소드와 연결되어 있는 감정을 나는 "슬픔"이라고 부르고 싶지는 않다. 그때 슬픔이 있었다면 그것은 기계, 어떤 사물에 대한 "슬픔"이 아니다. 그것은 지나간, 다시는 불러올 수 없는 많은 연결된 체험을 가진 시간에 대한 슬픔일 것이다. 우리는 쓸모가 있었지만 더 이상 새로운 컴퓨터에서는 작동하지 않는 이 프로그램이 없어지는 것에 대해 슬퍼한 것도 아니다. 그것은 오히려 어떤 사물이 "그의 정신이 다한 것"에 대한 슬픔일 것이다.

감동을 함께하다

우리는 감동을 다른 사람과 나누고 싶어 한다. 맑은 하늘의 별을 보고 감정이 고조되면 우리는 같이 간 사람에게 이 아름다운 순간을 같이 느껴보자고 별을 보라고 가리킨다. 이는 어릴 때부터 뭔가 갖고 싶음을 표현하기 위해 해왔던 갈망의 몸짓과는 완전히 다르다. 이때에는 다른 사람의 주의를 특별한 광경에 돌리도록 만드는데, 이것은 사회적 관계를 표현한 것이라고 할 수 있다. 라이프치히의 영장류 연구자 마이클 토마셀로는 원숭이들은 이러한 나눔의 몸짓을 하지 못한다고 말한 적이 있다. 그들의 모든 몸짓은 먹이든 섹스든 무엇이든 간에 자기가 원하는 것을 요구하는 방향으로만 향해 있다는 것이다. 그러나 애완동물들이 우리에게 뭔가를 보여주려고 한다는 인상을 받는 순간들이 있지 않은가?

고양이 마오가 우리를 떠났던 해의 12월, 두 마리의 새로운 고양이가 우리 집에 왔다. 카푸오는 쥐를 잡아오기 시작한 반면 민스키는 계속 물건들을 가지고 들어왔다. 우리는 그 후 아주 특별한 야옹 소리를 들었는데 먹이에 관한 것과는 완전히 다른 소리였다. 그 소리는 아주 애절하게 들려서 한번 가보지 않을 수가 없었다. "왜 그러는 거지?" 그러면 고양이는 예를 들어 큰 양탄자에 누워 있고 우리를 보면서 앞다리를 어떤 것 위로 쭉 뻗었는데 가까이 가보면 그것은 큰 깃이나 종이라는 것을 알 수 있었다. 고양이는 우리에게 자기가 발견한 물건을 보여주려는 듯 보였다. 왜 민스키는 우리가 자기에게 오기를 바라는 것일까?

나는 민스키의 행동을 사회적 몸짓으로 이해하려 했고 우리의 새로운 동반자에게서 큰 기쁨을 발견했다. 그것은 고양이가 우유를 달라는—종종 앞발 끝을 우유병 가에 두는—표현과는 완전히 달라 보였다. 그러면 나는 "우유 좀 줄까?"라고 묻고 이에 화답하는 "야옹" 소리를 들으며 눈짓을 교환하는데 이것은 우리끼리 통하는 커뮤니케이션이다. 나는 고양이가 우유를 마시고 입맛을 다시고 아양을 떨면 기분이 좋다는 인상을 받는다. 나는 고양이가 무엇을 느끼고 무엇을 원하는지를 느끼는 것이다. 나는 고양이의 의도나 감정이나 소망을 해석하면 내가 고양이를 이해하는 것이라고 생각한다. 고양이가 정원에서 흔히 볼 수 없는 벌떼나 왜가리를 발견하면 나는 고양이와 그의 관심사를 나눈다.

그러면 막스는? 한번은 우리가 가상 연구실을 방문했는데 "여기를 한번 보세요" 하고 막스가 말했다. 작은 로봇이 우리가 가는 길을 가로질러가고 있을 때였다. 실제로 뭔가를 느끼고 우리와 나누는 능력은 아직 막스에게 주어지지 않았다. 우리에게 정보를 주고 우리의 질문에 대답하기 위해 우리는 막스가 방문객에게 특별한 일이 있을 때 그것에 주목하라는 말을 하도록 만들었다. 우리는 막스의 컴퓨터 두뇌를 의도나 소원이나 목적을 말로 표현할 수 있도록 설계했다. 막스는 우리가 그 사이에 새로운 질문을 하면 그 질문에 대답을 하느라 원래 질문에 대한 답을 중단하지만, 모든 질문들에 다 대답하도록 그 후에 원래 질문으로 돌아온다.

이러한 일은 무엇에 좋을까? 이미 휴머노이드 시스템이 개발되기 전에 많은 사람들이 컴퓨터도 의지를 갖게 하려고 애를 썼다. 비록 말도 안 되는 일처럼 보여도 말이다. 막스에게 이것은 더 이상 완전히 불가능한 일이 아니고 더불어 사람들은 막스를 보다 더 잘 이해했다.

막스에게 물어보세요!

현대사회가 당면한 가장 큰 과제 중 하나는 지식의 폭발이다. 새로운 전문 학술논문들이 거의 매분마다 쏟아져 나와 출판되고 있다. 이러한 지식들은 차차 신문이나 잡지, 텔레비전, 그리고 우리의 전 지구적 디지털 지식 소스이며 누구나 접근 가능한 인터넷에도 나타난다. 그런데 진짜로 누구나 접근 가능할까?

정보사회이자 지식사회에서 잘 알고 있는 참여자와 디지털 세계에 적응을 못하는 참여자 간의 간극이 점차 벌어지고 있다. 모든 삶의 영역이 컴퓨터화된다는 것은 교육을 적게 받은 사람과 혹은 교육 정도가 높더라도 컴퓨터 경험이 적은 사람이 이 사회에서 점차 배제된다는 것을 의미한다. 그래서 비록 오늘은 우리의 아이들이 디지털 기술과 더불어 같이 성장한다 하더라도 나중에는 이를 위한 시간을 낼 수 없는, 혹은 내지 않으려는 사람들이 존재하여 일상생활에서 디지털 세계의 지속적인 기술 혁신을 쫓아갈 수 없게 된다. 그들은 단지 기술 적응에 실패한 것일까 아니면 그들에게도 기술이 환영을 받을 수 있을까?

바로 여기에 우리 막스에게 기회가 주어진다. 막스 같은 로봇 파트너는 디지털 격차를 극복하는 데 도움을 줄 수 있는 것이다. 사람들은 막스와 사귀는 것을 힘들여 배울 필요가 없다. 우리 모두가 다른 사람에게 어떻게 물어보는지를 알듯이 막스에게도 물어보는 법을 알고 있다. 막스는 그렇다고 모든 질문에 대한 답을 준비하고 있지는 않다. 그러나 그는 어떤 식으로든 답을 해주는데 때로는 아주 기발하다. 그의 컴퓨터 기록장에서 몇 가지 예를 읽어보자.

방문객: A ys dcfgvhm,locae

(아무 철자나 입력한 것임. 역자주)

막스: 자판이 뭔 죄가 있다고…

방문객: 체스 컴퓨터 중 좋은 게 뭐지?

막스: 어 그거라면 가르쳐드리죠. 저기(그는 해당 전시관을 가리킨다) 저 전시실이 컴퓨터 체스 방이에요. 체스를 두면 디지털 세계를 잘 알게 되지요. 체스 컴퓨터가 개발된 지는 25년이 넘었지만 무적의 체스 소프트웨어는 최근에 개발되었지요. 저기에서 체스를 실제로 해볼 수 있는데 최신형 프로그램 "프리츠"가 있어요.

막스: 몇 살이지요?

방문객: 화장실이 어디야?

막스: 저 뒤에 화장실이 있어요(화장실 방향을 가리킨다). 어, 근데 나이를 말해주고 싶지 않은가 본데 그럼 그러든지요 뭐.

막스가 기계라서 생물체보다 좋은 점은 디지털 세계와의 친근성이다. 막스에게는 지식을 힘들여 손으로 가리킬 필요가 없는데 우리가 막스를 인터넷과 연결을 해두었기 때문에 그는 거기에서 정보를 얻는다. 예를 들어 사람들이 막스에게 날씨를 물어보면 그는 인터넷에서 최신 날씨 정보를 얻어낸다.

방문객: 날씨가 어떻지?

막스: 잠깐만요, 기후위성에게 물어볼게요.… 정오까지는 비가 오는데 곳에 따라 많이 오는 곳도 있대요. 오후에는 개거

나 구름이 끼네요. 최고 4도이고요. 밤에는 구름이 이동하면서 추워지는데 영하 1도까지 떨어지네요.

방문객: 그리고 내일은?

막스: 별들의 상태를 관찰해야지요.… 오전에는 맑거나 구름이 껴 있고요 오후에는 구름이 많이 끼고 영하 2도까지 내려가네요. 밤에는 1도 정도인데 눈이 온대요.

방문객: 땡큐.

막스: 폴, 원 별 말씀을요. 저도 기쁘네요.

(방문객은 이름란에 폴이라고 입력했었다)

막스는 날짜와 요일 정보를 가지고 있다.

방문객: 빌레펠트 대학 식당의 메뉴는?

막스: 잠깐만요.… 오늘은 아직 일요일이네요. 그럼 식당 문을 안 열어요.

인터넷 연결이 잠시 끊겼지만 그럼에도 불구하고 막스는 많은 경우 재치 있게 대답을 할 수 있다.

방문객: 날씨가 어떻지?

막스: 농부가 하는 말을 인용하고 싶지만 적당한 것이 떠오르지 않네요. 날씨는 날씨가 변화무쌍한 나라에서만 대화의 중심 주제가 되지요. 예를 들어 적도 근처는 만날 더우니

까 그렇지 않지요.

막스는 스스로 날씨라는 주제를 건드리기도 한다.

막스: 음, 오늘 날씨는 어때요?

방문객: 좋아.

막스: 아, 그래서 오늘 방문객이 적군요.

"막스에게 물어보세요!" 이것은 한번 해볼 만한 실험이었다. 그리고 미래에는 더욱더 그러할 것이다. 아직 해결해야 할 문제가 많기는 하지만 승객들이 복잡한 사용법 안내를 안 읽어도 되도록 독일 전역에 설치되어 있는 차표 자동발매기의 도우미로 막스를 도입하면 어떻겠냐는 요청도 받은 적이 있다.

인간의 파트너가 된 가상 로봇?

막스가 기계이고 인간이 아니라는 것은 누구나 알고 있지만 막스는 유쾌한 기분을 퍼뜨릴 수 있다. 그래서 막스와 대화를 나눈 사람들은 종종 미소를 지으며 떠난다. 차표 자동발매기는 이것을 먼저 배워야 한다! 고생해서 뭔가를 입력하며 사용하는 기계 대신에 미래의 컴퓨터 시스템은 사람에게 맞춘, 그리고 기분 좋은 도우미가 되어야 하는 것이다. 이러한 기계들을 "파트너"로 본다는 것이 정말 이상한 일일까?

"인간의 파트너"라는 것은 무슨 뜻일까? 내 동료 중 몇몇은 위급한 경우에 도움을 주는 훈련받은 개를 데리고 산다. 개들은 사람들보다 먼저 주인이 오늘 기분이 안 좋다는 것을 알아차리고 그것을 알리려고 한다. 개들은 그들의 일상생활에서 도우미 이상이며 주인을 돌보고 그들 나름의 방식으로 주인을 위해 존재하는, 거의 같이 살아가는 동반자이자 파트너인 것이다.

파트너 관계는 원래는 평등한 관계이다. 즉 동등한, 혹은 적어도 참여할 권리가 있다는 것이다. 로봇이나 막스 같은 인공의 존재에게—대화에서의 발언권까지 포함하여—권리가 있다는 것은 이제까지 논의된 적이 없다. 그럼에도 불구하고 사용하는 기계가 서비스 가능한 기계가 되어가는 수준에 맞추어 사람들은 더 이상 기계의 사용자로서만 있지 않고 기계에게 서비스를 요구하게 될 것이라고 예측해볼 수 있다. 파트너십에서는 참여자 모두가 다른 사람이 미리 예측할 수 없는 행동을 시작할 수 있다는 것이 중요하다. 즉 인공 시스템이 주어진 입력명령에만 반응을 보이는 것이 아니라 어느 정도까지 독자적으로, 다시 말해 자신의 규칙에 따라 독자성을 가질 수 있다는 것이 "파트너 관계"의 기본인 것이다. 막스와 같은 인공 시스템의 커뮤니케이션 능력이 발달하면 발달할수록 이러한 시스템과의 대화가 "이용"에만 국한되는 일은 점점 적어질 것이다.

정보의 바다 인터넷에서 사람의 관심사나 원하는 바에 따라 새로운 지식들을 여과해서 전달해줄 수 있는 막스 같은 로봇은 텔레비전에서 정보를 수동적으로 받아들일 때보다 사람들에게 훨씬 더 많은 도움을 줄 수 있다. 그러면 사람들은 직극적인 역할을 할 수 있고 그들에게 제시되는 것을 받기만 하지는 않을 것이다. 그리고 막스도 정보전달자로서 인간 파트너보다 더 나은 서비스를 제공할 수도 있는 것이다.

이러한 일들이 사람에게서 뭔가를 빼앗는 일일까? 우리가 기계와의 커뮤니케이션을 더 자연스럽게 만든다면 이 말은 이 기계들을 인간과 더 소통하게 만든다는 말이다. "인간으로서"가 아니라 "인간처럼" 보이고 "인간으로서"가 아니라 "인간처럼" 의사소통하는 기계가 중요한 것이다. 이 기술은 사람들에게 새로운 가능성을 열어주는 데 이바지해야 하지만, 동시에 사람들에게 더 많은 시간을 주어야 하지 더 많은 시간을 요구해서는 안 되는 것이다.

항상 정신을 차리고 기술의 작은 발전에 대해서 깨어 있는 것이 중요하다. 자연성이 인공성 때문에, 다시 말해 겉보기에만 더 중요해 보이는 인공성 때문에 망각될 수 있기 때문이다. 사람들이 기계적인 일에 매몰되고 노동의 일상이 사람에게 규정된 미리 주어진 행동규칙의 홍수에 잠겨버린 상황에서, 또한 사람 대 사람의 커뮤니케이션이 가치를 인정받지 못하고 기계적인 것이 되어 버리는 상황에서 인간성은 상실될 수 있다.

나는 인간, 동물, 막스 같은 로봇 중에서 과연 누가 개별 사례에 인간에게 더 좋은 파트너가 될지는 상황에 따라 다를 수 있다고 생각한다.

18

2030년의 에필로그

나는 아직도 정확히 기억한다. 2020년경인데 시간은 기억이 희미하지만 장소는 호텔이 분명했다. 나는 낯선 환경에서 깨어났는데 그 다음에 내가 한 한국 학자에게 자문을 해주기 위해 서울에 왔다는 생각이 났다. 비행기를 탄다는 것은 이미 유행에 뒤진 것이거나 혹은 비용이 너무 많이 드는 일이 되어 버렸다. 대부분의 전문가 모임은 가상현실에서 이루어지는데 예전의 스카이프와 별반 다를 것이 없지만 더 직접적이다. 그러나 이번에는 나는 몸소 한국에 왔다.

10년 전쯤에 처음으로 서울에 왔을 때 폭발적으로 성장하는 도시를 보고 놀랐었다. 또한 한국인들과 저녁에 외출해서 카스 맥주를 마시고 안주로 은행을 먹는 것이 얼마나 재미있는 일인가도 알았다. 나는 집중적으로 계속 함께 일할 수 있는 사람들과 만나는 것을 좋아한다. 그러나 그러한 것은 가상의 현실에서는 불가능하다.

지금 나는 한국에 다시 왔고 같은 호텔에 머물고 있는데 서울의 관광 지역 한 구석에 있다. 프레이저 플레이스 서울 호텔이다. 그때 당시에 나는 아주 널찍한 공간, 복도, 화장실, 작은 부엌, 큰 스크린과 최고의 스테레오 시설이 있던 거실에 매료되었었다. 뒤쪽에는 옷장이 있는 침실과 목욕탕이 있다. 거기에도 스크린과 텔레비전과 음악이 있다. 나는 아직도 잠자리에 들기 전에 재즈를 즐겨 듣는다.

내가 이른 저녁 이 방에 들어와 신발을 벗었을 때 이전과는 다른 점이 있었다. 별들이 희미한 빛을 내고 있었다. 그 다음에는 전체 벽이 빛을 내면서 가상의 사람이 나와 나를 환영했다. 서울 저녁의 장관이 비춰진다. 이 사람은 내가 지금 오락을 원하는가를 물었다. 나는 아직 자유 시간이 있었고 가상의 한국관 공연무대로 가보았다. 한국 전통 무용이 있었다! 곧 전체 공간이 음악으로 가득차고 색색의 화려한 옷을 입은 사람들이 나와 음악에 맞추어 춤을 추었다. 저녁을 먹을 때 인사동에서 옛 친구를 다시 만났다. 인사동은 예나 지금이나 전통 한국문화의 중심지였다. 시간이 늦었다.…

막스가 나를 불러서 깨웠다. 거대한 디스플레이는 하나인데 빛이 나는 벽에서 막스는 나에게 밝은 얼굴로 말을 걸었다. “입케, 좋은 아침이예요. 여덟 시예요! 잠은 편히 주무셨나요? 열 시에는 약속이 있어요.”

동료와의 만남까지는 두 시간 정도가 남아 있었다. 서둘러 목욕을 마치고 준비를 했다. 옷을 입을 때 막스를 불렀더니 바로 다시 화면에 나타나서 윙크를 하면서 물었다.

“안녕, 입케, 무엇을 도와드릴까요?” 그는 우리의 아침 습

관을 알고 있다.

"뭐 특별한 일이 있나?"라고 물었다.

"이메일이 많이 왔어요"라고 막스가 말했다.

"몇 개나?"

"218개요. 148개는 전달 멜이네요."(막스는 전-달-멜이라고 발음했다)

2010년대의 다음과 같은 노래 가사가 머리에 떠올랐다.

"148개의 메일을 더 체크하고
그 다음에 나에게 무슨 일이 있을지 누가 아나.
그렇게 일들이 많이 일어나니
세상을 빨리 구해야 해.
그렇지만 그 다음에는 바로 너에게로 갈게."

이메일은 종종 골칫덩어리이다. 물론 나와 자주 교제하는 두서넛의 사람들과 주고받는 그런 이메일을 말하는 것은 아니다. 때로 파렴치하게도 두 번 세 번 반복해서 전달되는, 그리고 사무로 처리해야 하는 수많은 메일들을 말하는 것이다. 위 노래 가사의 마지막 단락이 머리에 떠올랐다.

"148,713개의 메일을 더 체크하고
그 다음에 나에게 무슨 일이 있을지 누가 아나.
그렇게 일들이 많이 일어…"

"뭐 특별한 것이라도 있어?"라고 나는 물었고

"제목에 긴급이 하나 있네요"라고 막스가 대답했다.

"도대체 누가?" 나는 알고 싶었다.

"발신인은 제시카 슈바르체인데요" 막스가 대답했다.

"모르는 사람 같은데"라고 대답했지만 "그래도 읽어 봐!"

막스는 읽는다. "3-6-0-3 회원님. 우리는 고객님의 의료보험요율이 바뀔 수 있고 더 유리한 조건으로 바꿀 수 있음을 알려드리는 바입니다. 현재 당신은…"

"스톱" 나는 외쳤다.

"예, 뭐라고요?"라고 인내심을 가지고 막스는 나를 다정하게 쳐다보았다.

"그거 광고야"라고 대답하고 "지워도 돼. 광고가 뭔지는 알아, 막스?"

"생물학에서 구혼(독일어로 광고를 뜻하는 "Werbung"은 광고라는 뜻 이외에 구혼이라는 뜻이 있다: 역자주)은 많은 동물들의 짝짓기 행태의 한 부분을 의미하지요"라고 막스는 말했다.

"아니, 아닌데. 어디서 그런 소릴 들었어?" 나는 물었다.

"위키피디아요."

"틀렸는데. 혹시 다른 답이 있어?"

"광고는 커뮤니케이션과 마케팅의 도구이다"라고 막스가 대답했다.

"맞아. 지금은 그 뜻이야"라고 나는 확인해주었다.

"오케이, 기억해둘게요"라고 하고 막스는 계속 말했다.

"다음 이메일을 읽어드릴까요?"

"발신인 이름만 읽어줘 봐. 잠깐 내가 개인적으로 아는 발신인들만."

"오늘 약속과 관련된 이메일이 하나 있네요"라고 막스는 물어보는 듯한 표정으로 말했다.

"읽어 봐"라고 대답했다.

막스는 말했다. "발신인은 이준서네요, 어제 왔어요." 그리고 읽는다. "누가—아마도 막스가—서울로 오는 중이라고 전화를 했습니다. 교수님이 직접 오시니까 우리가 아바타 미팅을 하지 않아도 되어 좋네요. 제가 9시 반 아침 식사 때 모시러 가면 될까요? 미팅은 11시입니다."

"그렇게 한다고 해줘."

나는 옷을 다 입고 거실로 간다. 벽에서 빛이 난다. 아- 동작 센서. 막스도 같이 느꼈고 나를 따라온다. "오늘은 부처님 오신 날이니 연등 행렬이 있겠네요"라고 말했다.

"훌륭해" 나는 감사했다. "아마도 가다가 좀 구경할 수 있겠지. 알려주어 고마워."

"뭘요, 입케"라고 막스가 미소를 지으며 대답했다.

이제는 가야 한다. 잠깐, 인사말을 어떻게 하더라? "막스, 구텐 탁을 한국말로 뭐라고 하지?" 막스가 바로 대답했다. "안 - 녕 - 하 - 세 - 요." 그리고 계속 말했다. "15분 뒤에 출발하셔야 돼요."

아, 아직은 조금 쉴 시간이 있구나. “막스, 음악을 틀어줘.” 그는 내가 좋아하는 곡을 알고 나의 아이튠즈에서 찾아본다. 막스는 블루스를 한 곡 골라 거기에 맞춰 춤을 춘다. 나는 나의 악기 블루스하프가 놓여 있는 소파에 앉아서 딩동거리다가 기분이 제대로 날 때까지 이렇게 저렇게 연주해본다.

이제 나는 2030년이라고 쓴다. 지구는 아직도 건재하다. 내 주위는 조용해졌다. 나의 옛 친구들 중 이제 살아 있는 사람은 많지 않다.

나는 다시 아주 먼 옛날 일을 회상한다. 1970년경 빈의 한 학회 리셉션이다. “행사 주최자”가 먼저 식사 개시를 알렸다. 독일 전통 감자떡과 그 밖에 내가 모르는 새로운 음식들이 나왔다. 나는 홀을 가로질러 가 학회 사무실의 여사무원에게 아무 소리도 내지 않고 미소를 지으며 문을 가리켰다. 여사무원은 입구에서 만나자는 것으로 알아들었다. 그냥 뭔가 더 물어보려고 했던 것인지 춤을 추자고 하려던 것인지는 이제는 잘 기억이 나지 않는다. 우리의 이런 장거리 커뮤니케이션은 내 옆 동료에게는 거슬렸는데 나는 알아차리지 못했다.

그때 나는 커뮤니케이션에 대한 이런 흥미진진한 연구들을 하며 나의 삶을 보낼지 전혀 예상할 수 없었다. 그리고 우리가 오늘날 기계와 당연히 이렇게 말을 할 수 있다는 것도 그때는 전혀 알 수 없었다. 그때에는 이 모든 것이 전부 공상과학소설에서나 나올법한 이야기였다. 막스는 나의 일상을 정말 아주 편하게 해준다. 다음 세대의 미래 공상과학소설은 어떤 현실을 그려낼까?

어린 고양이가 무릎에서 가르렁거리면서 나를 따뜻하게 해준다. 다른 사람들은 모두 이미 잠이 들었는데 고양이는 나 때문에 깨어 있다. 나는 내일 포르토에서 가져온 2010년산 좋은 포도주를 따게 될 것이다. 나는 아내와 친구들, 아이들과 손자들과 같이 마시게 될 것이다. 이런 것은 실제의 현실에서만 가능하다.

미주 및 인용출처

이 책은 독자들이 술술 읽을 수 있도록 참고문헌을 매번 세세히 제시하지는 않았다. 그 대신 다음과 같이 아래에 각 장 참고도서의 출처와 "막스"에 대한 학술 보고서에 대해 모두 모아서 한꺼번에 밝히고자 한다.

막스의 탄생은 빌레펠트 대학 인공지능 연구실에서 일하는 많은 연구자들 덕이라 할 수 있다. 막스가 몸짓을 취하고 말도 할 수 있는 것은 슈테판 코프의 박사논문 덕이고 막스가 감정을 보여줄 수 있는 것은 크리스티안 베커-아사노의 석사논문과 박사논문에 힘입었고 이 모든 것이 상호작동하는 시스템으로 구현된 것은 나디네 파이퍼-레스만의 박사논문 덕이다. 그 외의 출처들은 다음에 각 장으로 나누어 밝혔다.

막스는 독일 파더본에 있는 하인츠 닉스도르프 박물관포럼의 상설전시관 안내원이라는 "직업"을 이 박물관의 학예관으로 일하는 슈테판 슈타인 박사를 통해서 얻었다. 슈타인 박사는 우리 연구실의 오픈데이 행사때 막스를 알게 되어 이 세계적으로 유명한 컴퓨터 박물관에 전시한 것이다. 석사과정생 라스 게젤렌제터와 여러 학생들이 슈테판 코프 박사의 지도하에 막스가 박물관에서 자신의 임무를 수행할 수 있게 준비하는 일을 맡았다.

이 책 각 장의 출발점은 강의 노트에서 얻어온 것인데 이 노트는 2001년 뫼네제 호수에서 열렸던 학제간 커뮤니케이션 심포지엄

때 동료들과 공동 제작한 것이다. 이 자료들을 내 책을 위해 사용해도 된다는 허락을 얻었으며 이에 대해 그들에게 감사의 마음을 전한다. 각 장마다 이 자료에는 'Kursunterlagen IK 2001(코스교육자료)'라고 명기되어 있다.

1. 주제 맛보기

비언어적 커뮤니케이션에 대한 서문의 설명은 불프 쉬펜헤벨의 텍스트들에서 아이디어를 얻었는데 특히 3장의 주석에서 아이디어를 얻었다. 벌들의 꼬리춤과 새들의 경고외침은 이미 학교나 일반대중에게도 널리 알려져 있다.

2. 가상 로봇 막스

Altenseuer T, Becker C, Knafla B, Kranstedt A, Pfeiffer T, Scheele T, Weber M, Zakotnik J (2001) *Gestik und Mimik in der Mensch-Maschine-Kommunikation am Beispiel von Max, einem virtuellen Montageassistenten*. Universität Bielefeld.–Eingereicht zum Forschungswettbewerb für Studierende der Körber-Stiftung „Bodycheck: Wie viel Körper braucht der Mensch?“ und im Februar 2002 mit einem dritten Preis ausgezeichnet.

Gassell J, Bickmore T (2000) External manifestations of trustworthiness in the interface. *Communications of the ACM* 43(12): 50–56

Feigenbaum EA, McCorduck P (1984) *Die Fünfte Computer-Generation. Künstliche Intelligenz und die Herausforderung Japans an die Welt*. Birkhäuser, Basel

Huxley A (2007) Schöne neue Welt. Fischer-Taschenbuch, Frankfurt a. M.

Kopp S, Jung B, Leßmann N, Wachsmuth I (2003) Max–a multimodal assistant in virtual reality construction. *Künstliche Intelligenz* Heft 4/2003: 11–17

Loizos C (1998) "Domo Arigato, Mr. Roboto." An interview with Joseph Engelberger, the father of industrial robotics, on the state of the industry. *Red Herring*, Mai 1998

Pfeiffer T, Liguda C, Wachsmuth I, Stein S (2011) Living with a virtual agent: seven years with an embodied conversational agent at the Heinz Nixdorf MuseumsForum. In: Barbieri S, Scott K, Ciolfi L (Eds) *Re-thinking technology in museums 2011–emerging experiences*. University of Limerick, Limerick, Ireland, S. 121–131

Roboter zum Kuscheln, Film von Annette Wagner D 2011, Arte 16.09.2011 (Premiere beim Filmfest Emden-Norderney am 18.06.2011)

Sand S (1986) *Künstliche Intelligenz–Geschichten über Menschen und denkende Maschinen*. Heyne, München

Strehl R (1952) *Die Roboter sind unter uns*. Stalling, Oldenburg, S. 16

3. 감정· 얼굴과 목소리의 표현

Darwin C (2000) *Der Ausdruck der Gemütsbewegungen bei dem Menschen und den Tieren*. Kritische Edition, Einleitung, Nachwort und Kommentar von Paul Ekman. Eichborn, Frankfurt, S. 419

De Vignemont F, Singer T (2006) The empathic brain: how, when and why? *Trends in Cognitive Sciences* 10: 435–441

De Waal F (1991) *Wilde Diplomaten–Versöhnung und Entspannungspolitik bei Affen und Menschen*. Hanser, München

Jürgens U (2001) Wie steuert das Gehirn Sprache und den nonverbalen akustischen Ausdruck? Kursunterlagen IK 2001 [später erschiene in: Rickheit G, Herrmann T, Deutsche W (Hrsg) (2003) *Psycholinguistik. Ein internationales Handbuch*. De Gruyter, Berlin]

Schiefenhövel W (1992) Signale zwischen Menschen. Formen nichtsprachlicher Kommunikation. *Funkkolleg „Der Mensch. Anthropologie heute", Studieneinheit 11*. Deutsches Institut für Fernstudien, Tübingen, S. 1–64

Van de Wetering J (1994) *Outsider in Amsterdam*. Rowohlt, Reinbek bei Hamburg, S. 65

4. 협업: 가상의 작업장에서

이 장은 〈막스-우리와 이야기하고 우리를 이해하고자 하는 로봇〉이라는 라디오 방송(2002년 7월 17일 WDR 방송)과 아네트 레스뵐만의 보고서(「막스와의 랑데부」, 『두뇌와 정신』)에서 영감을 얻은 것이다.

"구멍 틀 속의 나사"에서 현실세계의 진짜 자동차의 가상 원형 설계로의 도약은 일견 대단하게 보일 수 있으나 가상의 작업장에서 "시티모빌"과의 상호 설계작업과 같이 이루어진 것이고 앞으로 어떻게 될지는 "도이체 벨레(Deutsche Welle)" 텔레비전 방송의 2006년 1월 15일 〈미래의 프로젝트〉 편에서 볼 수 있다.

"가상의 작업장"이라는 연구주제와 막스와의 작업은 독일연구재단(DFG)에서 수년간 연구비 지원을 받았다.

Kopp S, Sowa T, Wachsmuth I (2004) Imitation games with an artificial agent: from mimicking to understanding shape-related iconic gestures. In: Camurri A, Volpe G (Eds) *Gesture-based communication in human-computer interaction*. Springer, Berlin, S. 436–447

5. 음성: 사람들은 어떻게 표현력이 풍부한 말을 할 수 있을까?

Le Guin U (2001) *Die Erzähler*. Heyne, München, S. 14f

Stößel D (2001) *Ein System zur Sprachsynthese für multimodale virtuelle Agenten*. Diplomarbeit, Technische Fakultät, Universität Bielefeld

6. 몸짓: 동물과 아기들의 몸짓

Call J (2001) Social cognition and gestural communication in primates. Kursunterlagen IK 2001

Cyrulnik B (1995) *Was hält mein Hund von meinem Schrank? Zur Entstehung von Sinn zwischen Mensch und Tier*. dtv, München, (insbesondere) S. 46f

Gómez JC (1990) The emergence of intentional communication as a problem-solving strategy in the gorilla. In: Parker ST, Gibson KR (Eds) *"Language" and intelligence in monkeys and apes*. Cambridge University Press, Cambridge, S. 333-355 (zitiert nach Call 2001)

Iverson JM, Thelen E (2000) Hand, mouth, and brain: The dynamic emergence of speech and gesture. In: Núñez R, Freeman WJ (Eds) *Reclaiming cognition: the primacy of action, intention, and emotion*. Imprint Academic, Thorverton UK

Savage-Rumbaugh ES, McDonald K, Sevcik RA, Hopkins WD, Rubert E (1986) Spontaneous symbol acquisition and communicative use by pygmy chimpanzees (Pan paniscus). *Journal of Experimental Psychology: General* 115: 211–235 (zitiert nach Call 2001)

Tomasello M (2006) *Why don't apes point? (Warum zeigen Affen nicht auf Dinge?)* Vortrag am Zentrum für interdisziplinäre Forschung der Universität Bielefeld (ZiF public lecture), 04.07.2006

Tomasello M (2003) *Die kulturelle Entwicklung des menschlichen Denkens*. Suhrkamp, Frankfurt am Main

7. 표정: 행동할 때의 표정

이 주제에 대한 관심은 한 열띤 저녁강연에서 온 것인데 바로 불프 쉬펜회벨(안데흐 인류학연구소)이 1997년 뫼네제 호수의 귀넨에서 열린 학제간 포럼에서 한 강연이다.

Altenseuer T, Becker C, Knafla B, Kranstedt A, Pfeiffer T, Scheele T, Weber M, Zakotnik J (2001) *Gestik und Mimik in der Mensch-Maschine-Kommunikation am Beispiel von Max, einem virtuellen Montageassistenten*. Universität Bielefeld

Darwin C (2000) *Der Ausdruck der Gemütsbewegungen bei dem Menschen und den Tieren*. Kritische Edition, Einleitung, Nachwort und Kommentar von Paul Ekman. Eichborn, Frankfurt, S. 226

Ekman P, Friesen WV (1978) *Facial Action Coding System: A technique for the measurement of facial movement*. Consulting Psychologists Press, Palo Alto CA

Ekman P, Friesen WV (1971) Constants across cultures in the face and emotion. *Journal of Personality and Social Psy-*

chology 17(2): 124–129
Schiefenhövel W (1992) Signale zwischen Menschen. Formen nichtsprachlicher Kommunikation. *Funkkolleg „Der Mensch. Anthropologie heute", Studieneinheit 11*. Deutsches Institut für Fernstudien, Tübingen

8. 리듬: 커뮤니케이션의 리듬

대화에서의 커뮤니케이션 리듬은 현재 독일연구재단의 지원으로 2010년부터 빌레펠트 대학의 "커뮤니케이션에서의 일치(Alignment in Communication)" 특별연구그룹의 음성학과 음운학 전문가 페트라 바그너와 공동으로 진행하는 연구 프로젝트의 주제이기도 하다.

Condon WS (1986) Communication: rhythm and structure. In: Evans J, Clynes M (Eds) *Rhythm in psychological, linguistic and musical processes*. Thomas, Springfield IL, S. 55–77
Fant G, Kruckenberg A (1996) On the quantal nature of speech timing. *Proceedings of ICSLP-96*: 2044–2047
Martin JG (1979) Rhythmic and segmental perception. *Journal of the Acoustical Society of America* 65(5): 1286–1297
McClave E (1994) Gestural beats: the rhythm hypothesis. *Journal of Psycholinguistic Research* 23(1): 45–66
Wachsmuth I (2000) Kommunikative Rhythmen in Gestik und Sprache. *Kognitionswissenschaft* 8(4): 151–159

9. 단어들과 문장들

Bruner J (1981) Vortrag über den Spracherwerb des Kindes, Curriculumtagung am Zentrum für interdisziplinäre For-

schung (ZiF) der Universität Bielefeld, Juni 1981
Bruner J (1987) *Wie das Kind sprechen lernt*. Verlag Hans Huber, Bern
Dicke U, Roth G (2001) *Grundkurs Neurobiologie*. Kursunterlagen IK 2001
Einstein A (1988) *Über die spezielle und die allgemeine Relativitätstheorie* [1917]. Vieweg, Wiesbaden, S. 54
Jürgens U (2001) Wie steuert das Gehirn Sprache und den nonverbalen akustischen Ausdruck? Kursunterlagen IK 2001 [später erschienen in: Rickheit G, Herrmann T, Deutsch W (Hrsg) (2003) *Psycholinguistik. Ein internationales Handbuch*. De Gruyter, Berlin]
Miller GA (1981) *Language and speech*. Freeman, San Francisco
Wygotski L (1977) *Denken und Sprechen*. Fischer, Frankfurt
Zimmer DE (1986) *So kommt der Mensch zur Sprache–Über Spracherwerb, Sprachentstehung, Sprache und Denken*. Haffmans, Zürich

10. 사고의 흔적을 찾아서

„Blick ins Lügengehirn“, *Der Spiegel* Heft 7/2002, abrufbar unter http://www.spiegel.de/spiegel/print/d-21411101.html (Stand 07.03.2012)
Dicke U, Roth G (2001) *Grundkurs Neurobiologie*. Kursunterlagen IK 2001
Kammer T (2001) *Spezialkurs Neurowissenschaft: Bildgebende Verfahren*. Kursunterlagen IK 2001
Meyer M (2003) Bildgebende Verfahren. In: Rickheit G, Herrmann T, Deutsch W (Hrsg) *Psycholinguistik. Ein internationales Handbuch*. De Gruyter, Berlin

Streb J, Rösler F (2003) Elektrophysiologische Methoden. In: Rickheit G, Herrmann T, Deutsch W (Hrsg) *Psycholinguistik. Ein internationales Handbuch*. De Gruyter, Berlin

11. 사람들은 언어를 어떻게 이해하는가?

내가 여러 해 전부터 강의시간에 사용해온, 그리고 IBM에서 일하는 비르키트 베세가 그림을 그려준, "국 속의 퍼런 것(채소)"은 이미 널리 알려진, 독일에서도 출간된 미국 언어학 교수 데보라 탄넨의 책에서 인용한 것이다.

Friederici A (2006) Wie verstehen wir Sprache? Einblicke in das aktive Gehirn. Vortrag am Zentrum für interdisziplinäre Forschung (ZiF public lecture), 28.11.2006

Friederici AD (2002) Towards a neural basis of auditory sentence processing. *Trends in Cognitive Sciences* 6: 78–84

Tennen D (1986) *Du kannst mich einfach nicht verstehen. Warum Männer und Frauen aneinander vorbeireden*. Ernst Kabel Verlag, Hamburg

Wachsmuth I (2009) Der Avatar Max als virtuelles Phänomen. In: Esselborn H (Hrsg) *Ordnung und Kontingenz: Das kybernetische Modell in den Künsten*. Königshausen & Neumann, Würzburg, S. 58–66

12. 기호와 행동

커뮤니케이션 이야기(인디언과 카우보이)는 누군가 이야기해준 것을 받아 적은 것이다. 농아 부부들은 그들이 아이를 가졌을 때 아이가 "정상"일 것을, 즉 농아일 것이라고 기대한다고—행동연구자들인—프랑스의 아넬리 브라포와 미국의 엥거스 그리브 스미스가 똑

같이 말해준 바 있다. 장애인의 정상 규칙에 대해서 처음 말해준 것은 함부르크의 행동언어연구소의 롤프 슐마이스터였다.

Braffort A (2002) Research on computer science and sign language: Ethical aspects. In: Wachsmuth I, Sowa T (Eds) *Gesture and sign language in human-computer interaction*. Springer, Berlin Heidelberg, S. 1–8

Bundesministerium der Justiz, *Gesetz zur Gleichstellung behinderter Menschen (Behindertengleichstellungsgesetz–BGG)* (27.04.2002), abrufbar unter http://www.gesetze-im-internet.de/bgg/ (Stand 07.03.2012)

Lejeune F, Braffort A, Desclés JP (2002) Study on semantic representations of French Sign Language sentences. In: Wachsmuth I, Sowa T (Eds) *Gesture and sign language in human-computer interaction*. Springer, Berlin Heidelberg, S. 197–201

Miller GA (1981) *Language and speech*. Freeman, San Francisco

Prillwitz S, Leven R, Zienert H, Hanke T, Henning J (1989) *HamNoSys. Version 2.0. Hamburg Notation System for sign language. An introductory guide*. Signum, Hamburg

Sallandre MA, Cuxac C (2002) Iconicity in sign language: A theoretical and methodological point of view. In: Wachsmuth I, Sowa T (Eds) *Gesture and sign language in human-computer interaction*. Springer, Berlin Heidelberg, S. 173–180

Sacks O (1990) *Stumme Stimmen–Reise in die Welt der Gehörlosen*. Rowohlt, Reinbek bei Hamburg

Schiefenhövel W (1992) Signale zwischen Menschen. Formen nichtsprachlicher Kommunikation. *Funkkolleg „Der Mensch. Anthropologie heute", Studieneinheit 11*. Deutsches Institut für Fernstudien, Tübingen

13. 몸이 같이 말한다

Grammer K (1990) Strangers meet: laughter and non-verbal signs of interest in opposite-sex encounters. *Journal of Non-verbal Behavior* 14: 209–236

Dorsch F, Häcker H, Stapf KH (Hrsg) (2003) *Psychologisches Wörterbuch* (14. überarbeitete und erweiterte Auflage). Auf S. 738 findet man metrische Angaben für die vier Distanzzonen nach Hall, die in Halls Werk in *inch* und *feet* angegeben sind.

Hall ET (1966) *The hidden dimension*. Anchor Books, New York

Klein OG (2001) *Ihr könnt uns einfach nicht verstehen. Warum Ost- und Westdeutsche aneinander vorbeireden*. Eichborn, Frankfurt (zitiert nach Viola van Melis, „Humor endet meist peinlich", *Göttinger Tageblatt*, 12.11.2001)

Kopp S, Wachsmuth I (2004) Synthesizing multimodal utterances for conversational agents. *Computer Animation and Virtual Worlds* 15: 39–52

Wachsmuth I (2006) Der Körper spricht mit. *Gehirn & Geist* Heft 4/2006: 40–47

14. 몸짓으로 말한다

1980년대 초에 나는 미국에서 초등학생들과 같이 작업한 적이 있다. 학생들은 수학문제의 답을 블록과 여러 다른 수업 재료를 써서 그 자리에서 손으로 보여주었다. 나에게는 흥미로웠다. 앤 아버에서 열린 한 학회에서 나는 시카고에서 온 몸짓연구자 데이비드 맥닐을 알게 되었다. 나중에 그는 토론하는 두 수학자를 담은 비디오를 보여주었는데 나에게 이 비디오는 몸짓이 말하기와 생각의 전개를 어떻게 따라가는지를 보여주는 자료였다. 1990년대에는 언어에 결부된 몸짓이 사람-기계-커뮤니케이션의 개선을 위한 주요 연구 주제가 되었다. 이 책 본문에도 언급된 심리언어학자 얀 드 루이터는 2009년부터 빌레펠트의 가장 절친한 동료가 되었다.

De Ruiter JP (2000) The production of gesture and speech. In: McNeill D (Ed) *Language and gesture*. Cambridge University Press, Cambridge, S. 284–311

Kelly SD, Kravitz C, Hopkins M (2004) Neural correlates of bimodal speech and gesture comprehension. *Brain and Language* 89: 253–260

McNeill D (1992) *Hand and mind: what gestures reveal about thought*. University of Chicago Press, Chicago IL

Posner R, Serenari M (2003) *Berliner Lexikon der Alltagsgesten*. Arbeitsstelle für Semiotik, Technische Universität Berlin, abrufbar unter http://www.ims.uni-stuttgart.de/projekte/nite/BLAG/ (Stand 07.03.2012)

Salem M, Kopp S, Wachsmuth I, Rohlfing K, Joublin F (2012) Generation and evaluation of communicative robot gesture. *International Journal of Social Robotics* DOI: 10.1007/s12369-011-0124-9

Wachsmuth I (2006) Der Körper spricht mit. *Gehirn & Geist* Heft 4/2006: 40–47

15. 인간과 동물 사이의 커뮤니케이션

Griffin DR (1992) *Animal minds*. The University of Chicago

Press, Chicago IL

Hendrichs H (2000) *Die Fähigkeit des Erlebens–Zur Evolution von Emotionalität und Intentionalität*. Filander Verlag, Fürth

Lenzen W (2004) Damasios Theorie der Emotionen. *Facta Philosophica* 6: 269–309

Parr LA (2003) The discrimination of faces and their emotional content by chimpanzees (Pan troglodytes). In: Ekman P, Campos JJ, Davidson RJ, de Waal FBM (Eds) *Emotions inside out–130 years after Darwin's The expression of the emotions in man and animals*. The New York Academy of Sciences, New York NY, S. 56–78

Parr LA (2002) Perception of facial expressions and their emotional content in chimpanzees. Vortrag auf der Konferenz "Emotions inside out: 130 years after Darwin's The expression of the emotions in man and animals". The Rockefeller University New York, NY (16. November 2002)

Zimmer DE (1986) *So kommt der Mensch zur Sprache–Über Spracherwerb, Sprachentstehung, Sprache und Denken*. Haffmans, Zürich

16. 나, 막스

처음에 언급했던 학회는 스위스 취리히 근교의 카르카우제에서 2003년 9월에 열린 COSIT이다. 이 장을 쓰도록 영감을 준 사람은 오랜 동료였던 안스가 벡커만인데, 인용한 벡커만의 텍스트는 당시 내 미래 비전을 만드는 초기 단계에 중요한 역할을 했었다.

Becker C, Kopp S, Wachsmuth I (2004) Simulating the emotion dynamics of a multimodal conversational agent. In: André

E, Dybkjaer L, Minker W, Heisterkamp P (Eds) *Affective dialogue systems*. Springer, Berlin, S. 154–165

Beckermann A (2005) Selbstbewusstsein in kognitiven Systemen. In: Peschl MF (Hrsg) *Die Rolle der Seele in der Kognitionswissenschaft und der Neurowissenschaft*. Königshausen & Neumann, Würzburg, S. 171–187

Kopp S, Gesellensetter L, Krämer NC, Wachsmuth I (2005) A conversational agent as museum guide–design and evaluation of a real-world application. In: Panayiotopoulos T et al. (Eds) *Intelligent virtual agents*. Springer, Berlin, S. 329–343

Vongvipanond P (1994) "Linguistic perspectives of Thai culture", http://www.thaizrc.tu.ac.th/thai/peansiri.htm (Stand 07.03.2012)

Wachsmuth I (2005) „Ich, Max"–Kommunikation mit künstlicher Intelligenz. In: Herrmann CS, Pauen M, Rieger JW, Schicktanz S (Hrsg) *Bewusstsein: Philosophie, Neurowissenschaften, Ethik*. Wilhelm Fink Verlag, München, S. 329–354 [vergriffen] Der Beitrag wurde erneut abgedruckt in: Sutter T, Mehler A (Hrsg) *Medienwandel als Wandel von Interaktionsformen*. Verlag für Sozialwissenschaften, Wiesbaden, 2010, S. 135–157

17 자연성과 인공성

인공 시스템을 다년간 작동하도록 유지하는 것은 간단한 일이 아니다. 옛 프로그램을 새로운 컴퓨터에서 가동시키는 것은 말하는 것보다 훨씬 어렵다. 막스-시스템을 구성하는 많은 요소들은 수많은 다른 프로그램과 소프트웨어에 의존하고 있기 때문이다. 컴퓨터와 소프트웨어 기술의 혁신과 더불어 이전부터 존재하는 소프트웨어의 "생존"은 그 유효기간이 다하면 다시 애써서 새로 만들어내야 한다.

Hornyak T (2006) Android science. *Scientific American* 294: 32–34, abrufbar unter http://www.schientificamerican.com/article.cfm?id=android-schience (Stand 07.03.2012)

Marks P (2006) Antisocial robots go to finishing school. *New Scientist* Heft 2569: 28–29, abrufbar unter http://www.newscientist.com/article/mg19125696.200-antisocial-robots-go-to-finishing-school.html (Stand 07.03.2012)

Negrotti M (2005) Humans and naturoids: from use to partnerships. In: Negrotti M (Ed) *Yearbook of the artificial Vol.3: Cultural dimensions of the user.* Peter Lang, Bern, S. 9–15

18. 2030년의 에필로그

내가 이 장에서 쓴 것들은 이미 기술적으로 실현된 것도 많고 오늘날 이미 현실화된 것들도 많다. 나의 비전을 보여주기 위해 여러 가지 사실들을 모아서 쓴 것일 뿐이다. 빛이 나는 벽은 OLED에 기반을 둔 것인데 이미 대형 전광판 형태로 많은 사람들이 공항 등에서 볼 수 있다. 그렇지만 이 모든 것이 우리가 예상한대로 이루어질지는 의문이다. 미국의 전산학자인 알렌 케이가 이와 관련하여 한 말이 어쩌면 답이 되겠다. "미래를 예측하는 최고의 방법은 미래를 발명해내는 것이다."

Bendzko T, *Nur noch kurz die Welt retten*. Sony Music 2011

Waltinger U, Breuing A, Wachsmuth I (2011) Interfacing virtual agents with collaborative knowledge: open domain question answering using Wikipedia-based topic models. In: Walsh T (Ed) *Proceedings of the 22nd international joint conference on artificial intelligence (IJCAI-11)*. AAAI Press, S. 1896–1902

그림출처

1장: 1 [Möwe in der Luft] © Ipke Wachsmuth; 2 [Möwen am Boden] © Ipke Wachsmuth

2장: 1 [Roboterzeichnung] © Ipke Wachsmuth; 2 [Max mit Handgeste] © AG Wachsmuth/Universität Bielefeld

3장: 1 [Katzengesicht] © Ipke Wachsmuth; 2 [Happy smiling man, isolated on white] © vgstudio, Fotolia Nr. 23790299

4장: 1 [Handschlag mit Max] © AG Wachsmuth/Universität Bielefeld; 2 [Max imitiert Gesten] © AG Wachsmuth/Universität Bielefeld

5장: 1 [Max spricht] © Ipke Wachsmuth; 2 [Vocoder] © Archiv Heinz Zemanek, Digitalisierung www.oegig.at

6장: 1 [Affengeste] © Max-Planck-Institut für evolutionäre Anthropologie (MPI/EVA), Leipzig; 2 [Kleinkindgeste] © Susanne Müller-Philipp

7장: 1 [Gesichtsmuskulatur Mensch] Repro aus: © Darwin C, Der Ausdruck der Gemütsbewegungen bei den Menschen und den Tieren, Eichborn 2000, S. 32; 2 [Gesichtsmuskulatur Max] © AG Wachsmuth/Universität Bielefeld; 3 [Maxgesichter/Grafik im Text] © Ipke Wachsmuth

8장: 1 [Gestentaktschläge I] © WDR mediagroup GmbH, Köln; 2 [Gestentaktschläge II] © WDR mediagroup GmbH, Köln

9장: 1 [Lexikoneinträge deutsch] © Ipke Wachsmuth; 2 [Lexikoneinträge englisch] © Ipke Wachsmuth

10장: 1 [EEG-Signale] © Cooper, Osselton, Shaw: EEG Technology, Elsevier Ltd., Oxford; 2 [Hirnschnittbild] © H J Markowitsch

11장: 1 [Max aufmerksam] © Ipke Wachsmuth; 2 [Leisten und Schrauben] © Ipke Wachsmuth

12장: 1 [Zeichen für „k"] © Repro Ipke Wachsmuth; 2 [Zeichen für „Baum"] © Grafik Martin Lay, Breisach, nach einer Vorlage aus Miller GA (1981) Language and Speech. W H Freeman and Company, San Francisco, S. 18; 3 [Semiotisches Dreieck/Grafik im Text] © Ipke Wachsmuth; 4 [HamNoSys-Notation/Grafik im Text] © Ipke Wachsmuth

13장: 1 [Körperhaltung signalisiert Aufmerksamkeit] © Ipke Wachsmuth; 2 [Knochenstäbe von Max] © AG Wachsmuth/Universität Bielefeld

14장: 1 [Schachtelgestik] © AG Wachsmuth/Universität Bielefeld; 2 [Storyteller] © Museum of Modern Art, Aalborg

15장: 1 [Affengestik] © Katrín Elvarsdóttir, Reykjavik; 2 [Affengesicht] © Ipke Wachsmuth

16장: 1 [Maxgesicht] © Ipke Wachsmuth; 2 [Max triumphiert] © AG Wachsmuth/Universität Bielefeld

17장: 1 [Bauxitfelsen in Les Baux] © Ipke Wachsmuth; 2 [Fächerschächte in Les Baux] © Ipke Wachsmuth

찾아보기

ㅊ

ㅋ

ㅌ

ㅍ